Procedimientos de construcción

Problemas resueltos

Procedimientos de construcción

Problemas resueltos

Marcos Larrauri Gil
Heriberto Pérez Acebo
Eduardo Rojí Chandro
Jesús Cuadrado Rojo

eman ta zabal zazu

Universidad del País Vasco
Euskal Herriko Unibertsitatea

CIP. Biblioteca Universitaria

Procedimientos de construcción : problemas resueltos / Marcos Larrauri Gil ... [et al.]. – Bilbao : Universidad del País Vasco / Euskal Herriko Unibertsitatea, Argitalpen Zerbitzua = Servicio Editorial, D.L. 2018. – 150 p. : il. ; 24 cm.

D.L.: BI-154-2018. — ISBN: 978-84-9082-813-7

1. Construcción – Problemas y ejercicios. 2. Movimientos de tierras. 3. Construcción – Maquinaria. I. Larrauri Gil, Marcos, coaut.

624.132(076.3)

ISBN: 978-84-9082-813-7
Depósito legal/Lege gordailua: BI-154-2018

Índice

Índice de tablas

Índice de figuras

Introducción

El presente libro es el trabajo desarrollado por profesores del departamento de Ingeniería Mecánica, del área de conocimiento de Ingeniería de la Construcción, de la Escuela de Ingeniería de Bilbao, en el que se presenta una colección de problemas para el alumnado que cursa la asignatura de Procedimientos de Construcción de la titulación de Grado en Ingeniería Civil.

En él se exponen los problemas habituales que se plantean durante la ejecución del movimiento de tierras de las obras civiles. La resolución de los mismos se lleva a cabo explicando los razonamientos seguidos y las fórmulas a utilizar. El libro tiene un enfoque de carácter didáctico, en el que se describe en profundidad la problemática asociada al movimiento de tierras en las obras de ingeniería civil y la maquinaria específica de este tipo de tareas que habitualmente se utiliza.

Además, los problemas se presentan de menor a mayor complejidad, comenzando por cuestiones básicas que hay que conocer para poder pasar a situaciones más complejas, en las que intervienen varias máquinas. De esta manera, se comienza asentando las nociones fundamentales del movimiento de tierras tales como la compactación y el esponjamiento del material, la tracción útil, la tracción disponible y la resistencia total al movimiento, para lo que se plantean distintos problemas de transporte de material por distintos tipos de terreno, donde se calculan velocidades y tiempos. También se incluyen problemas sobre los tiempos de utilización de la maquinaria y las formas de amortización de su coste. A continuación se procede al estudio de la maquinaria habitual en la obra pública, como los *dumpers,* las bañeras y los vehículos extraviales; las palas cargadoras; las traíllas; los *bulldozers* o tractores empujadores; las retroexcavadoras; las motoniveladoras y los compactadores, donde se calculan sus producciones y rendimientos para poder obtener su coste horario. Finalmente, se añaden problemas basados en experiencias reales de obra, donde el personal responsable de la misma, jefes de obra y jefes de producción de tierras, deben tomar decisiones en función de los distintos costes de producción utilizando distinta maquinaria disponible.

Por otra parte, los autores quieren agradecer la colaboración y la participación del Grupo de investigación consolidado UPV/EHU + TECNALIA IT781-13: «Sostenibilidad integral en sistemas de edificación y sus materiales».

Problema 1

Factores de conversión

Se dispone de un material en banco que ocupa 30.000 m^3 con una densidad d_B = 1,85. El factor de esponjamiento (F_W) es 0,8 y el porcentaje de consolidación (S_h) es del 5%. Si el transporte se realiza en camiones de 14 m^3 calcular:

a) Peso transportado por cada camión.
b) N.° de viajes necesarios para realizar todo el transporte.
c) Densidad del material esponjado y compactado.
d) Volumen que ocupará el material una vez compactado.

El esquema de las distintas fases por las que pasa un material durante las operaciones de un movimiento de tierras es:

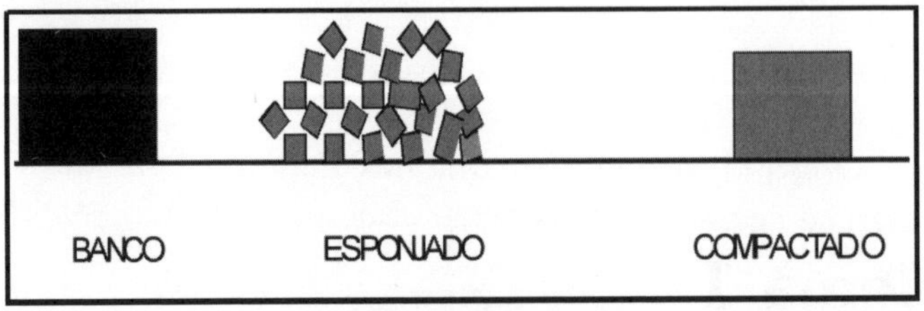

Figura 1.1
Estados del terreno durante las operaciones de un movimiento de tierras

Como el peso del material es constante a lo largo de las diferentes fases, lo interesante, es saber las relaciones, tanto volumétricas como de densidades de dicho material que permitan interconectar estos estados.

Estas relaciones son las siguientes:

— Factor de esponjamiento **(Swell Factor)**

$$F_W = \frac{V_B}{V_S} = \frac{d_S}{d_B}$$

— Porcentaje de esponjamiento

$$S_W = \frac{V_S - V_B}{V_B} \cdot 100 = \frac{d_B - d_S}{d_S} \cdot 100$$

— Factor de consolidación **(Shrinkage)**

$$F_h = \frac{V_B}{V_C} = \frac{d_C}{d_B}$$

— Porcentaje de consolidación

$$S_h = \frac{V_B - V_C}{V_B} \cdot 100 = \frac{d_C - d_B}{d_C} \cdot 100$$

A partir de los conceptos básicos anteriormente recordados, se procede, a continuación a resolver las diferentes cuestiones del problema.

a) **Peso transportado por cada camión**

El enunciado indica que los camiones tienen 14 m^3 de capacidad. Este volumen se corresponde con material en su estado «suelto», por lo tanto, la capacidad de los camiones será 14 m^3S.

Por otra parte, el factor de esponjamiento del material es $F_W = 0{,}8$.

A partir de estos dos datos y aplicando la fórmula del factor de esponjamiento se puede deducir la capacidad equivalente de volumen en banco que pueden transportar los camiones:

$$0{,}8 = \frac{V_B}{14} \quad \Rightarrow V_B = 11{,}2\ \mathrm{m}^3B$$

Como también se dispone del dato de la densidad del material en banco (1,85 t/m^3B), el peso en toneladas transportado por cada camión será:

$$M = V_B \cdot d_B = 11{,}2\,\mathrm{m}^3B \cdot 1{,}85\frac{\mathrm{t}}{\mathrm{m}^3B} = 20{,}72\ \mathrm{t}$$

b) **N.º de viajes necesarios para realizar todo el transporte**

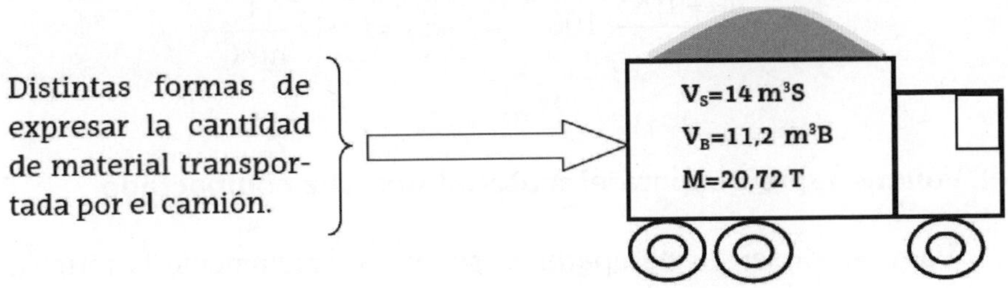

Figura 1.2
Posibles formas de cuantificación de la carga de una máquina

El enunciado del problema facilita como dato el volumen en banco del material a transportar, que es V_B = 30.000 m^3B, por otra parte, se acaba de obtener en el punto anterior que el camión, en cada viaje, transporta 14 m^3S (de material suelto), o lo que es lo mismo, 11,2 m^3B (de material en banco).

$$\frac{30.000}{11,2} = 2.678,57 \text{ viajes} \quad \Rightarrow \quad 2.679 \text{ viajes}$$

El valor obtenido nos indica que el último viaje del camión no lo hará lleno del todo, es decir, transportará menos de 11,2 m^3B.

c) **Densidad del material esponjado y compactado**

Para obtener la densidad del material esponjado se utiliza la fórmula del factor de esponjamiento (F_W = 0,8) y la densidad en banco del material d_B = 1,85 T/m^3B.

$$F_W = \frac{V_B}{V_S} = \frac{d_S}{d_B} \quad \Rightarrow \quad 0,8 = \frac{d_S}{1,85} \quad \Rightarrow \quad d_S = 1,48 \frac{t}{m^3 S}$$

Por otra parte, para el cálculo de la densidad del material compactado, se volvería a aplicar la fórmula del porcentaje de consolidación (S_h = 5%), a partir de la relación de densidades, sabiendo que d_B = 1,85 t/m^3B.

$$5 = \frac{d_C - 1,85}{d_C} \cdot 100 \quad \Rightarrow \quad d_C = 1,947 \frac{t}{m^3 C}$$

d) **Volumen que ocupará el material una vez compactado**

Para responder a este apartado, se aplica directamente la fórmula del porcentaje de consolidación:

$$S_h = \frac{V_B - V_C}{V_B} \cdot 100 \Rightarrow 5 = \frac{30.000 - V_C}{30.000} \cdot 100 \Rightarrow V_C = 28.500 \text{ m}^3 C$$

Problema 2

Ecuación del movimiento: resistencia a la aceleración (tipo I)

Un camión de peso propio 8 t y capacidad de la caja 12 m^3 reparte su peso 2/3 a las ruedas motrices y 1/3 a las directrices. Se carga con material de densidad en banco 1,6 y coeficiente de esponjamiento 20%.

Parte del tramo AB de características:

- **Resistencia a la rodadura f_R = 90 kg/t.**
- **Pendiente i = 0%.**
- **Coeficiente de tracción f_T = 0,25.**
- **Desplazándose a una velocidad de 6 km/h.**

A continuación asciende por el tramo BC de características:

- **Resistencia a la rodadura f_R = 60 kg/t.**
- **Pendiente i = 12%.**
- **Coeficiente de tracción de f_T = 0,3.**
- **Y corona la pendiente a una velocidad de 30 km/h.**

Se pide:

a) ¿Reúne el tramo AB las condiciones adecuadas de desplazamiento?

b) ¿Cuánto tiempo necesitará para pasar de 6 a 30 km/h en el tramo BC?

El esquema del movimiento que describe el enunciado lo podemos representar gráficamente de la siguiente forma:

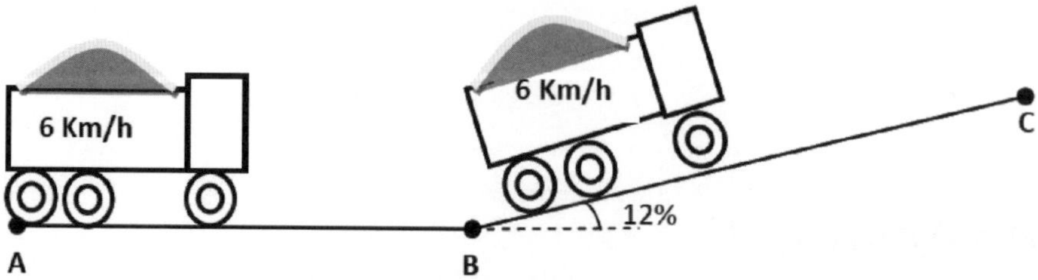

Figura 2.1
Esquema del problema

En primer lugar, como el camión va cargado con material, se debe calcular el peso de la carga que transporta. Para ello el enunciado proporciona como datos la densidad en banco del material y su porcentaje de esponjamiento.

A partir de la fórmula del porcentaje de esponjamiento, podemos obtener la densidad suelta del material según:

$$S_W = \frac{d_B - d_S}{d_S} \cdot 100 \quad \Rightarrow \quad 20 = \frac{1{,}6 - d_S}{d_S} \cdot 100 \quad \Rightarrow \quad d_S = 1{,}33 \frac{\text{t}}{\text{m}^3 S}$$

Por tanto, el peso de la carga que transporta el camión será:

$$M = V_S \cdot d_S = 12 \times 1{,}33 = 16 \text{ t.}$$

Siendo el peso total del camión 80 + 16 = 24 t.

Una vez determinado el dato de la carga, se detallan a continuación las respuestas a las preguntas planteadas.

a) **¿Reúne el tramo AB las condiciones adecuadas de desplazamiento?**

El vehículo podrá desplazarse siempre que se cumplan las condiciones de la ecuación del movimiento, es decir:

$$R_T \leq T_D \leq T_U.$$

Siendo:

$$R_T(\text{kg}) = R_R(\text{kg}) = f_R(\text{kg/t}) \cdot W(\text{t}) = 90 \cdot 24 = 2.160 \text{ kg}$$

$$T_D(\text{kg}) = 270 \cdot \frac{\text{Potencia (HP)} \cdot \text{Rd.Transmisión}}{\text{Velocidad (km/h)}}$$

El valor de T_D no se puede calcular, puesto que no hay información sobre la potencia y el rendimiento del motor del camión.

Y el tercer término de la ecuación

$$T_U(\text{kg}) = W_D(\text{kg}) \cdot f_T(\text{en\%}) = \frac{2}{3} \cdot 24.000 \text{ kg} \cdot 0{,}25 = 4.000 \text{ kg}$$

Por tanto, hemos obtenido los siguientes valores:

$$\boxed{2.160 \text{ kg} \leq ????? \leq 4.000 \text{ kg}}$$

A partir de los resultados obtenidos, se puede concluir que a pesar de desconocer el valor de la tracción disponible del vehículo, el tramo AB si tiene margen (o condiciones) para que pueda producirse el desplazamiento.

b) **¿Cuánto tiempo necesitará para pasar de 6 a 30 km/h en el tramo BC?**

En el tramo BC cambia el valor de la resistencia al movimiento y de la tracción utilizable, pasando a ser ambos valores en este en este tramo los siguientes:

$$R_{total}(\text{kg}) = R_R + R_P = f_R \pm 10i \cdot W(\text{t}) = (60 + 10 \cdot 12) \cdot 24 = 4.320 \text{ kg}$$

$$T_U(\text{kg}) = W_D(\text{kg}) \cdot f_T(\text{en \%}) = \frac{2}{3} \cdot 24.000 \text{ kg} \cdot 0{,}3 = 4.800 \text{ kg}$$

El enunciado especifica que se produce un cambio en la velocidad del vehículo, por lo que es necesario tener en cuenta el valor de la resistencia a la aceleración del movimiento.

La transitoriedad del movimiento entre los dos estados (desde los 6 km/h, hasta los 30 km/h) se producirá como consecuencia de un exceso de fuerza de la que dispone el motor para poder incrementar esa velocidad.

Ese exceso de fuerza, sería el resultado de restar la fuerza inicial del motor T_D de la resistencia que vence R_T. Como en este caso no disponemos del valor de T_D la única forma de obtener una solución es suponer que el vehículo desarrolla la fuerza máxima que es capaz de soportar el terreno T_U, es decir se supone $T_D = T_U$.

Por lo tanto:

$$T_D - R_T = T_U - R_T = 4.800 - 4.320 = 480 \text{ kg.}$$

Aplicando entonces la fórmula de la resistencia a la aceleración

$$R_A(\text{kg}) = 28{,}3 \cdot \frac{W(\text{t}) \cdot v(\text{km/h})}{t(\text{s})} \quad \Rightarrow \quad 480 = 28{,}3 \cdot \frac{24(\text{t}) \cdot (30-6)(\text{km/h})}{t(\text{s})}$$

$$\boxed{\Rightarrow \quad t = 33{,}96 \text{ s}}$$

Que será el tiempo necesario para cambiar de 6 a 30 km/h en esas condiciones.

Problema 3

Ecuación del movimiento: resistencia a la aceleración (tipo II)

Un camión de peso propio 8 t y capacidad de la caja 12 m^3 reparte su peso 2/3 a las ruedas motrices y 1/3 a las directrices. Su potencia de 200 HP y el rendimiento mecánico del 90%. Se carga con material de densidad en banco 1,5 y coeficiente de esponjamiento 25%.

Parte del tramo AB de características:

- **Resistencia a la rodadura f_R = 90 kg/t.**
- **Pendiente i = 0%.**
- **Coeficiente de tracción f_T = 0,3.**
- **Alcanzando los 12 km/h.**

A continuación asciende por el tramo BC de características:

- **Resistencia a la rodadura f_R = 100 kg/t.**
- **Pendiente i = 15%.**
- **Coeficiente de tracción f_T = 0,6.**

Se pide:

a) **Calcular el tiempo necesario y la distancia recorrida para pasar de 12 a 25 km/h en el tramo AB.**
b) **Que velocidad máxima es capaz de desarrollar en el tramo BC?**
c) **¿Cuánto tiempo necesita para alcanzarla?**

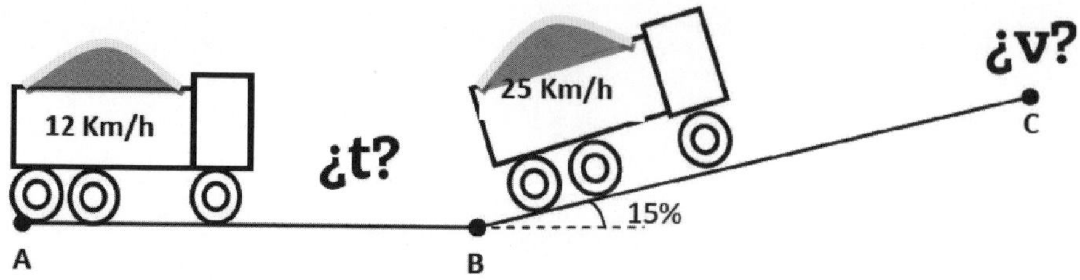

Figura 3.1
Esquema de las fases del enunciado

Al igual que en el problema anterior, en primer lugar se debe calcular el peso de la carga que transporta el camión.

El enunciado proporciona la densidad en banco del material y su porcentaje de esponjamiento. A partir de estos datos podemos obtener la densidad suelta del material.

$$S_W = \frac{d_B - d_S}{d_S} \cdot 100 \Rightarrow 25 = \frac{1{,}5 - d_S}{d_S} \cdot 100 \Rightarrow d_S = 1{,}2 \frac{\text{t}}{\text{m}^3 S}$$

Por tanto el peso de la carga que transporta el camión será:

$$M = V_S \cdot d_S = 12 \times 1{,}2 = 14{,}4 \text{ t.}$$

Siendo el peso total del camión 8 + 14,4 = 22,4 t.

Una vez determinado el dato de la carga, se detallan a continuación las respuestas a las preguntas planteadas.

a) **Tiempo necesario y la distancia recorrida para pasar de 12 a 25 km/h en el tramo AB**

El vehículo podrá desplazarse siempre que se cumplan las condiciones de la ecuación del movimiento, es decir:

$$R_T \leq T_D \leq T_U.$$

Siendo:

$$R_T\,(\text{kg}) = R_R\,(\text{kg}) = f_R\,(\text{kg/t}) \cdot W\,(\text{t}) = 80 \cdot 22{,}4 = 1.792\ \text{kg}$$

$$T_D(\text{kg}) = 270 \cdot \frac{\text{Potencia (HP)} \cdot \text{Rd.Transmisión}}{\text{Velocidad (km/h)}} = 270 \cdot \frac{200 \cdot 0.9}{12} = 4.050\ \text{kg}$$

$$T_U(\text{kg}) = W_D(\text{kg}) \cdot f_T(\text{en } \%) = \frac{2}{3} \cdot 22.400\ \text{kg} \cdot 0{,}3 = 4.480\ \text{kg}$$

Por tanto:

$$1.792\ \text{kg} \le 4.050 \le 4.480\ \text{kg}.$$

A la vista de los valores obtenidos el camión tiene margen para aumentar o disminuir su velocidad. El exceso de fuerza del motor para, en este caso, aumentar su velocidad, será:

$$4.050 - 1.792 = 2.258\ \text{kg}.$$

Representando gráficamente los valores obtenidos:

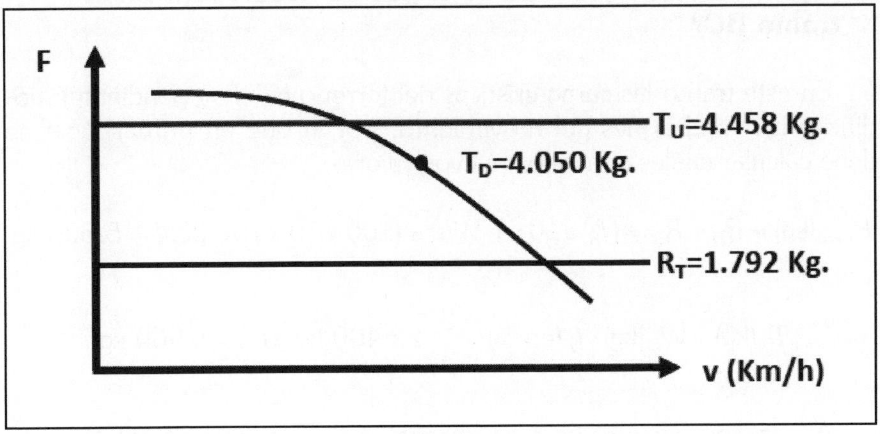

Figura 3.2
Representación gráfica de los valores de R_T, T_D y T_U

Aplicando entonces la fórmula de la resistencia a la aceleración

$$R_A(\text{kg}) = 28{,}3 \cdot \frac{W(\text{t}) \cdot v(\text{km/h})}{t(\text{seg})} \Rightarrow 2.258 = 28{,}3 \cdot \frac{22{,}4 \cdot (25-12)}{t} = 3{,}65 \text{ seg}$$

Para calcular el espacio recorrido por el camión es esos 3,65 s se considerará que el camión realiza un movimiento uniformemente acelerado, por lo que la fórmula a aplicar será:

$$R_A = \frac{W}{9{,}81} \cdot \frac{v_2^2 - v_1^2}{2d} = 3{,}93 \times W(\text{t}) \cdot \frac{v_2^2(\text{km/h}) - v_1^2(\text{km/h})}{d(\text{m})} \Rightarrow$$

$$\Rightarrow \quad 2.258 = 3{,}93 \cdot 22{,}4 \cdot \frac{25^2 - 12^2}{d}$$

$$\boxed{d(m) = 18{,}75 \text{ m}}$$

Será la distancia necesaria para cambiar de 12 a 25 km/h en esas condiciones.

b) **¿Qué velocidad máxima es capaz de desarrollar en el tramo BC?**

En este tramo las características del terreno (f_R, f_T y pendiente) modifican las condiciones del movimiento, por lo que en primer lugar se debe calcular cuáles con estos nuevos valores.

$$R_{total}(\text{kg}) = R_R + R_P = (f_R \pm 10 \cdot i) \cdot W(\text{t}) = (100 + 10 \times 15) \cdot 22{,}4 = 5.600 \text{ kg}$$

$$T_U(\text{kg}) = W_D(\text{kg}) \cdot f_T(\text{en } \%) = \frac{2}{3} \cdot 22.400 \text{ kg} \cdot 0{,}6 = 8.960 \text{ kg}$$

Analizando estos valores se observa que el terreno ofrece las condiciones adecuadas para que se pueda producir el movimiento del vehículo.

El máximo de velocidad posible se producirá cuando se cumpla la condición $T_D = R_T$.

$$T_D = R_T \quad \Rightarrow \quad 270 \cdot \frac{200 \cdot 0.9}{v} = 5.600 \text{ kg} \quad \Rightarrow \quad v = 8{,}68 \text{ km/h}$$

c) **¿Cuánto tiempo necesita para alcanzarla?**

En este caso se trata de un movimiento uniformemente decelerado, el vehículo ha alcanzado los 25 km/h en el tramo AB y al comenzar a subir por el tramo BC la velocidad máxima que puede desarrollar es de 8,68 km/h por lo que su velocidad irá decayendo progresivamente hasta estabilizarse.

La fuerza con la que el motor del camión es capaz de empujarlo a 25 km/h será

$$T_D = 270 \cdot \frac{200 \cdot 0.9}{25} = 1.944 \text{ kg}$$

Como se ha calculado en el punto anterior, la resistencia al movimiento en el tramo inclinado es de 5.600 kg, por lo que el «exceso», o mejor dicho en este caso, la falta de fuerza que tiene el motor para poder mantener los 25 km/h de velocidad será:

$$1.944 \text{ kg} - 5.600 \text{ kg} = -3.656 \text{ kg}.$$

Partiendo de la ecuación de la resistencia a la aceleración

$$R_A(\text{kg}) = 28{,}3 \cdot \frac{W(\text{t}) \cdot v(\text{km/h})}{t(\text{s})} \Rightarrow -3.656 = 28{,}3 \cdot \frac{22{,}4 \cdot (8{,}68 - 25)}{t}$$

$$\Rightarrow \quad t = 2{,}83 \text{ s}$$

Que será el tiempo necesario para cambiar de 25 a 8,68 km/h en esas condiciones.

Problema 4

Cálculo de la producción de un equipo

Se desea trasladar a una distancia de 2 km 15.000 toneladas de un material de densidad en banco 1.8 y un factor de esponjamiento de 0,89.

Para el trabajo se dispone de una traílla autopropulsada de 6 t de peso propio, caja de capacidad máxima 12 m^3, con una velocidad de acarreo de 10 km/h y una velocidad de retorno de 50 km/h estimándose unos tiempos fijos de carga y maniobras de 2 minutos y un coste horario de 180 €/h.

Se supone la máquina trabaja de manera efectiva 50 minutos por cada hora de utilización.

a) Calcular la producción horaria en toneladas y el coste del m^3 en banco transportado.
b) Suponiendo que se trabaja 8 horas diarias y con un factor de organización de 0,75 calcular el plazo de finalización.

De la lectura del enunciado se interpreta que la traílla va a ir cargada según su capacidad máxima, puesto que no hay ningún otro tipo de dato (distancia de carga, profundidad de la cuchilla...) que nos induzca a pensar lo contrario.

a) **Calcular la producción horaria en toneladas y el coste del m³ en banco transportado**

Para calcular la producción partimos de la fórmula que nos define la misma

Producción (t o m^3) = Capacidad (t o m^3/ciclo) • n.º ciclos/hora • f_h

El esquema siguiente representa a la traílla desplazando material cargada desde el punto A hasta el B y regresando vacía desde B hasta A. Este es el concepto de ciclo de trabajo.

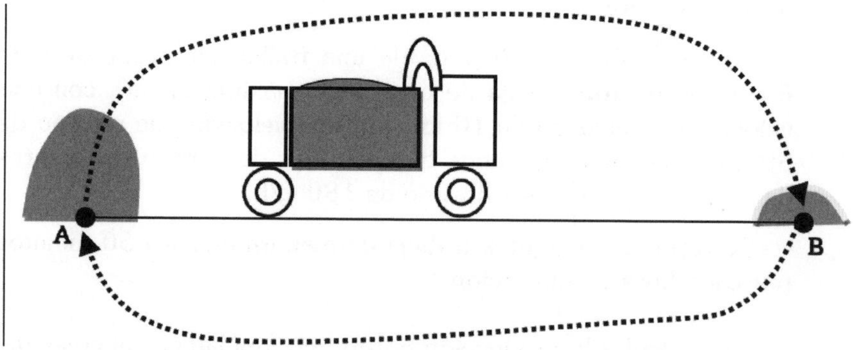

Figura 4.1
Esquema del ciclo de trabajo de la traílla

El tiempo de ciclo será la suma de los tiempos fijos más los tiempos variables (ida y vuelta en función de la distancia y la velocidad).

Siendo:

$$\text{(Capacidad) } C = 12 \text{ m}^3 S$$

$$\text{(Tiempo de ciclo) } t_{\text{CICLO}} = t_{\text{FIJOS}} + t_{\text{VARIABLES}} = 2 + 14{,}4 = 16{,}4 \text{ min}$$

$$t_{\text{FIJOS}} = 2 \text{ min.}$$

$$t_{VARIABLES} = t_{IDA} + t_{VUELTA} = \left(\frac{2}{10} + \frac{2}{50}\right) \cdot 60 = 14,4\,\text{min}$$

$$\text{(Eficiencia horaria)} \quad f_h = 50/60$$

Con lo que se obtiene:

$$P = 12\,\text{m}^3\,S \cdot \frac{60\,\frac{\text{min}}{\text{h}}}{16,4\,\frac{\text{min}}{\text{ciclo}}} \cdot \frac{50}{60} = 36,5\,\frac{\text{m}^3\,S}{\text{h}}$$

Al pedirse la producción en t/h multiplicamos el valor obtenido por la densidad suelta del material, pero para ello deberemos previamente calcular esta densidad suelta.

Para ello el enunciado nos proporciona el factor de esponjamiento del material y la densidad en banco del mismo por lo que:

$$F_W = \frac{V_B}{V_S} = \frac{d_S}{d_B} \quad \Rightarrow 0,89 = \frac{d_S}{1,8} \quad \Rightarrow d_S = 1,6\,\frac{\text{t}}{\text{m}^3 S}$$

Con lo que la producción obtenida será:

$$P = 36,5\,\frac{\text{m}^3 S}{\text{h}} \cdot 1,6\,\frac{\text{t}}{\text{m}^3 S} = 58,4\,\frac{\text{t}}{\text{h}}$$

Para el cálculo del coste del m^3 transportado se aplica la ecuación:

$$\text{Coste de Producción} = \frac{\text{Coste horario}}{\text{Producción}}$$

El enunciado dice que el coste horario de la traílla son 180 €/h, por otra parte para estimar la producción en $\text{m}^3 B$ como pide el enunciado se debe convertir el valor obtenido ($\text{m}^3 S$) mediante la utilización del factor de esponjamiento, de tal manera que:

$$P = 36{,}5\,\frac{\mathrm{m}^3 S}{\mathrm{h}} \cdot 0{,}89 = 31{,}68\,\frac{\mathrm{m}^3 B}{\mathrm{h}}$$

Con lo que el coste de producción sería:

$$\text{Coste de producción} = \frac{180}{31{,}68} = 5{,}68\,\frac{€}{\mathrm{m}^3 B}$$

b) **Suponiendo que se trabaja 8 horas diarias y con un factor de organización de 0,75 calcular el plazo de finalización**

Como las toneladas de material a transportar son 15.000 t y según se ha obtenido en el punto anterior, el ritmo de transporte es de 58,4 t/h y, teniendo además en cuenta que el factor de organización de la obra es 0,75 (cuya consideración tiene como efecto la disminución de la producción a fin de obtener un resultado más conservador). El plazo estimado de finalización será:

$$\frac{15.000}{31{,}68\,(\mathrm{t/h}) \cdot 0{,}75 \cdot 8(\mathrm{h/día})} = 78{,}91 \text{ días} \quad \Rightarrow 79 \text{ días}$$

Problema 5

Producción combinada con cuadro de velocidades

Una cabeza tractora tiene que realizar un movimiento de tierras arrastrando remolques de 5 m^3 de capacidad y 4.000 kg de peso en vacío. El acarreo se efectúa por un terreno de resistencia a la rodadura de 35 kg/t, y un coeficiente de tracción 0,4 con pendiente ascendente del 5%.

El material a transportar tiene una densidad en banco de 2 y un factor de esponjamiento de 0,8 y la distancia de acarreo son 6 km.

Las características de la cabeza tractora son:

— Tracción total (W_D = W), potencia 450 CV, peso 21.800 kg, rendimiento mecánico 0,85.
— Cuadro de marchas I-8 km/h, II-12 km/h, III-20 km/h, IV-30 km/h.

Calcular la producción horaria del conjunto formado por la cabeza tractora y todos los remolques que tiene que arrastrar simultáneamente sabiendo que la velocidad máxima de retorno no podrá ser superior a 30 km/h y el tiempo fijo del ciclo es de 8 minutos.

La eficiencia horaria a considerar (f_h) es de 0,83.

Figura 5.1
Planteamiento de trabajo a analizar

La respuesta a la pregunta planteada por el enunciado (cálculo de la producción) requiere el análisis previo del número de remolques que la cabeza tractora es capaz de arrastrar pendiente arriba.

Para determinar esta cantidad se debe, en primer lugar, analizar las condiciones en las cuales es posible el movimiento de la máquina. Para ello, se obtendrán los valores que se desprenden de la ecuación del movimiento.

$$R_T \leq T_D \leq T_U.$$

Siendo:

$$T_U(\text{kg}) = W_D(\text{kg}) \cdot f_T(\text{en }\%) = 21.800 \text{ kg} \cdot 0,4 = 8.720 \text{ kg}$$

$$T_D(\text{kg}) = 270 \cdot \frac{\text{Potencia (HP)} \cdot \text{Rd.Transmisión}}{\text{Velocidad (km/h)}}$$

Al tener el cuadro de marchas 4 velocidades, cada una de ellas tendrá su respectiva T_D que será:

$$T_{D\,I} = 270 \cdot \frac{450 \cdot 0,85}{8} = 12.909,4 \text{ kg}$$

$$T_{D\,II} = 270 \cdot \frac{450 \cdot 0,85}{12} = 8.606,25 \text{ kg}$$

$$T_{D\,III} = 270 \cdot \frac{450 \cdot 0,85}{20} = 5.163,75 \text{ kg}$$

$$T_{D\,IV} = 270 \cdot \frac{450 \cdot 0,85}{30} = 3.442,5 \text{ kg}$$

La primera conclusión que se observa a partir de los valores obtenidos, es que la cabeza tractora no puede subir en primera marcha porque ésta patina en el terreno y por lo tanto, la velocidad con la que desarrolla una mayor fuerza de tiro y que es capaz de adecuarse al terreno es la II (12 km/h).

Ésta será por tanto la velocidad de subida, lo que queda ahora por determinar es el número de remolques que es capaz de arrastrar con esa fuerza de tiro.

Calculamos el peso de cada remolque cargado de material, como paso previo, se determina la densidad suelta del material a partir de los datos del problema:

$$F_W = \frac{V_B}{V_S} = \frac{d_S}{d_B} \quad \Rightarrow \quad 0{,}8 = \frac{d_S}{2} \quad \Rightarrow \quad d_S = 1{,}6\,\frac{\text{t}}{\text{m}^3 S}$$

Por tanto, el peso de un remolque cargado será:

$$W_{\text{REMOLQUE}} = 4\text{ T} + (5\text{ m}^3 S \cdot 1{,}6\text{ t/m}^3 S) = 12\text{ t.}$$

El número máximo de remolques que pueden ser empujados pendiente arriba por la cabeza tractora se determina igualando la resistencia al movimiento del conjunto cabeza tractora mas remolques con la fuerza que puede desarrollar la cabeza tractora. Es decir:

$$R_{total}(\text{kg}) = R_R + R_P = (f_R \pm 10i)\cdot W(\text{t}) = (35 + 10\cdot 5)\cdot(21{,}8 + n\cdot 12)$$

$$T_{D\,II} = 270\cdot\frac{450\cdot 0{,}85}{12} = 8.606{,}25\text{ kg}$$

Operando

$$(35 + 10 \cdot 5) \cdot (21{,}8 + n \cdot 12) = 8.606{,}25 \Rightarrow n = 6{,}62 \text{ remolques}$$

El valor obtenido nos indica que la cabeza tractora puede arrastrar 6 remolques y un séptimo también si va cargado aproximadamente a la mitad de su capacidad.

Como al realizar un trabajo de estas características lo habitual es cargar los remolques a su capacidad plena, se entiende que serán 6 los remolques acoplados a la cabeza tractora y la velocidad de subida será de 12 km/h.

Siguiendo con el análisis de las velocidades, para determinar la velocidad a la realizará el retorno el conjunto, volvemos a aplicar la ecuación del movimiento.

$$R_T \leq T_D \leq T_U.$$

En la misma los valores de T_U y de T_D no varían, puesto que los mismos dependen de las características de la cabeza tractora y del terreno, valores ambos que se mantienen iguales.

Lo que si varía es el trazado (ahora la pendiente es descendente) y el peso de los remolques (ahora vuelven vacíos) parámetros que influyen en el valor de R_T que, por lo tanto, será:

$$R_{\text{total}} = R_R - R_P = (f_R - 10i) \cdot W(t) = (35 - 10 \cdot 5) \cdot (21{,}8 + 6 \cdot 4) = -687 \text{ kg}$$

El valor negativo indica que el conjunto es capaz de bajar por la pendiente sin necesidad de motor. Como el enunciado dice que la velocidad máxima de bajada será la de la 4.ª marcha, esa será la velocidad a considerar (30 km/h).

Hechos estos cálculos, ahora se dispone de la información necesaria para poder contestar a la pregunta del problema, la producción horaria a obtener.

A partir de la ecuación de la producción:

Producción (t ó m^3) = Capacidad (t ó m^3/ciclo) · n.º ciclos/hora · f_h

Siendo:

$$\text{(Capacidad)} \quad C = 6 \cdot 5 = 30 \text{ m}^3S$$

$$\text{(Tiempo de ciclo)} \quad t_{\text{CICLO}} = t_{\text{FIJOS}} + t_{\text{VARIABLES}} = 8 + 42 = 50 \text{ min}$$

$$t_{\text{FIJOS}} = 8 \text{ min}$$

$$t_{VARIABLES} = t_{IDA} + t_{VUELTA} = \left(\frac{6}{12} + \frac{6}{30}\right) \cdot 60 = 42\,\text{min}$$

$$\text{(Eficiencia horaria)} \quad f_h = 0{,}83.$$

Con lo que se obtiene:

$$P = 30\,\text{m}^3S \cdot \frac{60\,\dfrac{\text{min}}{\text{h}}}{50\,\text{min}} \cdot 0{,}83 = 30\,\text{m}^3S/\text{h}$$

Problema 6

Coste de producción

En un movimiento de tierras de trabajo diurno de un solo turno, se pueden utilizar las máquinas que tenemos a continuación; todas las máquinas tienen la misma jornada de trabajo, y se considera una eficiencia horaria de 0,83.

Tabla 6.1

Datos operacionales de la maquinaria

	Tractor de cadenas	Cargadora de ruedas	Traílla
Coste diario	300 €	240 €	695 €
Capacidad	6 m³	3 m³	15 m³
Tiempo carga	20 s	10 s	50 s
Tiempo descarga	0 s	5 s	30 s
Tiempo maniobra	10 s	15 s	46 s
Velocidad ida	3,6 km/h	7,2 km/h	28,8 km/h
Velocidad vuelta	7,2 km/h	14,4 km/h	36,0 km/h

La traílla para cargar necesita ser empujada por un tractor que puede atender a 4 traíllas.

Determinar las distancias a partir de las cuales es más económico:

a) Utilizar la cargadora en lugar del tractor.
b) La traílla en lugar de la cargadora.

El enunciado plantea el análisis de la «ventaja económica» de la cargadora frente al tractor. Esta «mejor economía» no puede ser entendida simplemente desde el punto de vista del coste horario; los 300 €/h del tractor evidentemente son más caros que los 240 €/h de la cargadora. Lo que también se debe de tener en cuenta es la cantidad de trabajo que la máquina ha producido en esa hora y de esa forma podremos ver la rentabilidad real.

Se trata, por lo tanto, de un análisis de la evolución del coste de producción de las distintas máquinas para ver donde están sus umbrales de rentabilidad.

Tomando como primera máquina de análisis el tractor de cadenas, se analizará, como primer paso, la producción de la máquina en función de la distancia de desplazamiento (puesto que la misma influirá en los tiempos variables realizados).

Partiendo de la fórmula de la producción:

$$\text{Producción (t ó m}^3) = \text{Capacidad (t ó m}^3/\text{ciclo)} \cdot \text{n.° ciclos/hora} \cdot f_h$$

Y siendo en este caso (según se desprende de la tabla):

$$\text{(Capacidad)} \quad C = 6 \text{ m}^3S$$

$$\text{(Tiempo de ciclo)} \quad t_{CICLO} = t_{FIJOS} + t_{VARIABLES}$$

$$t_{FIJOS} = t_{CARGA} + t_{DESCARGA} + t_{MANIOBRA} = 20 + 0 + 10 = 30 \text{ s}$$

Los tiempos de ida y vuelta (variables) se expresarán en función de la distancia «d» (en metros) a la que la máquina deba desplazarse, teniendo como expresión:

$$t_{VARIABLES} = t_{IDA} + t_{VUELTA} = \left(\frac{d}{3{,}6} + \frac{d}{7{,}2}\right) \cdot \frac{3.600}{1.000} = \left(d + \frac{d}{2}\right) = \frac{3d}{2} \text{ s}$$

Operando la ecuación queda:

$$t_{CICLO} = \left(30 + \frac{3d}{2}\right) \text{s}$$

$$\text{(Eficiencia horaria)} \quad f_h = 0{,}83.$$

Con lo que la expresión de la producción del tractor de cadenas será:

$$P = 6 \cdot \frac{3.600}{\left(30 + \frac{3d}{2}\right)} \cdot 0,83$$

Para finalizar con esta máquina, combinando la producción con el coste horario, el coste de producción será:

$$\text{Coste de producción} = \frac{\frac{300}{8}}{6 \cdot \frac{3.600}{\left(30 + \frac{3d}{2}\right)} \cdot 0,83}$$

Operando de la misma forma para el caso de la cargadora de ruedas se obtienen los siguientes valores:

Siendo en este caso (según la tabla):

(Capacidad) C = 3 m³S

(Tiempo de ciclo) $t_{CICLO} = t_{FIJOS} + t_{VARIABLES}$

$$t_{FIJOS} = t_{CARGA} + t_{DESCARGA} + t_{MANIOBRA} = 10 + 5 + 15 = 30 \text{ s.}$$

Los tiempos de ida y vuelta (en función de la distancia «d» (en metros tendrán como expresión:

$$t_{VARIABLES} = t_{IDA} + t_{VUELTA} = \left(\frac{d}{7,2} + \frac{d}{14,4}\right) \cdot \frac{3.600}{1.000} = \left(\frac{d}{2} + \frac{d}{4}\right) = \frac{3d}{4} \text{ s}$$

Operando la ecuación:

$$t_{CICLO} = \left(30 + \frac{3d}{4}\right) \text{ s}$$

(Eficiencia horaria) $f_h = 0,83.$

Con lo que la expresión de la producción de la cargadora será:

$$P = 3 \cdot \frac{3.600}{\left(30 + \frac{3d}{4}\right)} \cdot 0,83$$

Para finalizar, para esta máquina la expresión del coste de producción será:

$$\text{Coste de producción} = \frac{\frac{240}{8}}{3 \cdot \frac{3.600}{\left(30 + \frac{3d}{4}\right)} \cdot 0,83}$$

a) **Determinar la distancia a partir de la cual es más económico utilizar la cargadora en lugar del tractor**

Para responder a la pregunta, en primer lugar, se calculará la distancia «d» a la cual es indiferente utilizar el tractor o la cargadora. Para ello, se igualan las expresiones que hemos obtenido anteriormente y se despeja el valor de «d».

Operando

$$\frac{\frac{300}{8}}{6 \cdot \frac{3.600}{\left(30 + \frac{3d}{2}\right)} \cdot 0,83} = \frac{\frac{240}{8}}{3 \cdot \frac{3.600}{\left(30 + \frac{3d}{4}\right)} \cdot 0,83} \quad \Rightarrow \quad d = 60\,\text{m}$$

El valor obtenido representa la distancia a la que es indiferente trabajar con una o con otra máquina. Dando valores a la expresión del coste de producción para ambas maquinas con distancias superiores e inferiores al valor obtenido, se tiene:

Tabla 6.2

Valores del coste de producción a diferentes distancias (tractor de cadenas *vs* pala)

	50 m	60 m	70 m
Tractor cadenas	0,219 €/m³S	0,25 €/m³S	0,282 €/m³S
Pala cargadora	0,226 €/m³S	0,25 €/m³S	0,276 €/m³S

Por tanto, para distancias inferiores a 60 m es mejor utilizar el tractor que la pala cargadora, sin embargo, para distancias superiores es mejor utilizar la cargadora que el tractor.

Siguiendo con el problema se realiza el mismo planteamiento para la traílla, con los siguientes valores:

$$\text{(Capacidad)} \quad C = 15 \text{ m}^3S$$

$$\text{(Tiempo de ciclo)} \quad t_{\text{CICLO}} = t_{\text{FIJOS}} + t_{\text{VARIABLES}}$$

$$t_{\text{FIJOS}} = t_{\text{CARGA}} + t_{\text{DESCARGA}} + t_{\text{MANIOBRA}} = 50 + 30 + 46 = 126 \text{ s.}$$

Los tiempos de ida y vuelta (en función de la distancia «d» (en metros tendrán como expresión:

$$t_{VARIABLES} = t_{IDA} + t_{VUELTA} = \left(\frac{d}{28{,}8} + \frac{d}{36}\right) \cdot \frac{3.600}{1.000} = \left(\frac{d}{8} + \frac{d}{10}\right) = \frac{9d}{40} \text{ s}$$

Operando la ecuación:

$$t_{CICLO} = \left(126 + \frac{9d}{40}\right) \text{ s}$$

$$\text{(Eficiencia horaria)} \quad f_h = 0{,}83.$$

Con lo que la expresión de la producción de la traílla será:

$$P = 15 \cdot \frac{3.600}{\left(126 + \frac{9d}{40}\right)} \cdot 0{,}83$$

Esta máquina presenta una anotación en el enunciado, la cual se dice que durante la carga necesita ser empujada por un tractor y que el tractor puede empujar a su vez a 4 traíllas.

Esto significa que al propio coste horario de la máquina se le debe de añadir la cuarta parte del coste de un tractor (300 €/4) puesto que sin esa ayuda (con su correspondiente coste) la traílla no puede trabajar.

Para finalizar con esta máquina la expresión del coste de producción será:

$$\text{Coste de Producción} = \frac{\dfrac{\left(695 + \dfrac{300}{4}\right)}{8}}{15 \cdot \dfrac{3.600}{\left(126 + \dfrac{9d}{40}\right)} \cdot 0,83}$$

b) **Determinar la distancia a partir de la cual es más económico utilizar la traílla en lugar de la cargadora**

Igualando y resolviendo como en el caso anterior:

$$\frac{\dfrac{240}{8}}{3 \cdot \dfrac{3.600}{\left(30 + \dfrac{3d}{4}\right)} \cdot 0,83} = \frac{\dfrac{695 + \dfrac{300}{4}}{8}}{15 \cdot \dfrac{3.600}{\left(126 + \dfrac{9d}{40}\right)} \cdot 0,83} \Rightarrow d \approx 84\,m$$

Dando valores a la expresión del coste de producción para ambas maquinas con distancias superiores e inferiores al valor obtenido, se tiene:

Tabla 6.3

Valores del coste de producción para diferentes distancias
(traílla *vs* pala)

	70 m	84 m	90 m
Traílla	0,304 €/m^{3}S	0,311 €/m^{3}S	0,314 €/m^{3}S
Pala cargadora	0,276 €/m^{3}S	0,311 €/m^{3}S	0,326 €/m^{3}S

Por tanto, para distancias inferiores a 84 m es mejor utilizar la pala cargadora, sin embargo, para distancias superiores es mejor utilizar la traílla.

Problema 7

Elección de la máquina adecuada

Se desea trasladar a una distancia de 120 m 150.000 t de un material de densidad en banco 2,02 y un factor de esponjamiento de 0,83. Para ello se tiene la opción de elegir entre dos tipos de maquinas:

- Un tractor de cadenas equipado con una hoja empujadora de 7,2 m^3 de capacidad, una velocidad de empuje de 2,9 km/h, una velocidad de retorno de 7,6 km/h, un tiempo de maniobras de 0,2 minutos y un coste horario de 60 €/h.
- Una pala cargadora sobre ruedas de 4,75 m^3 de capacidad colmada con un factor de llenado del 85%, un tiempo de carga-descarga-maniobras de 1 minuto, velocidad cargada de 5,2 km/h, velocidad vacía de 12 km/h y coste horario de 52 €/h.

Ambas máquinas se supone que trabajan de manera efectiva 50 minutos por cada hora de utilización. Se pide:

a) Calcular la pérdida económica para la empresa si el jefe de obra se equivoca en la elección de maquinaria.
b) Calcular el coste del m^3 en banco y la producción horaria en toneladas en la opción más económica.
c) Suponiendo que se trabaja 8 horas diarias y con un factor de organización de 0,75 calcular el menor plazo de finalización.

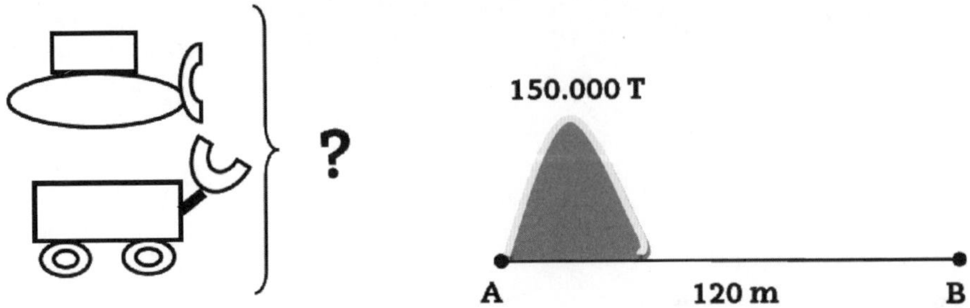

Figura 7.1
Esquema gráfico del enunciado

a) **Calcular la pérdida económica para la empresa si el jefe de obra se equivoca en la elección de maquinaria**

Para contestar a esta pregunta, el razonamiento más sencillo estaría basado en conocer cuánto costaría realizar el trabajo con cada una de las dos máquinas y la diferencia entre ambos valores sería la pérdida económica en caso de error.

Se empezará, por lo tanto, calculando el coste de producción resultante en caso de utilizar el tractor de cadenas.

La producción horaria del tractor de cadenas a partir de los datos del enunciado será:

$$\text{Producción (t ó m}^3) = \text{Capacidad (t ó m}^3/\text{ciclo)} \cdot \text{n.° ciclos/hora} \cdot f_h$$

Siendo

$$\text{(Capacidad)} \quad C = 7{,}2\ \text{m}^3S$$

$$\text{(Tiempo de ciclo)} \quad t_{\text{CICLO}} = t_{\text{FIJOS}} + t_{\text{VARIABLES}}$$

$$t_{\text{FIJOS}} = 0{,}2\ \text{min.}$$

$$t_{VARIABLES} = t_{IDA} + t_{VUELTA} = \left(\frac{120}{2{,}9} + \frac{120}{7{,}6}\right) \cdot \frac{60}{1.000} = 3{,}43\,\text{min}$$

Operando esta ecuación queda:

$$t_{CICLO} = 0,2 + 3,43 = 3,63\,\text{min}$$

$$\text{(Eficiencia horaria)} \quad f_h = \frac{50}{60}$$

Con lo que la expresión de la producción del tractor de cadenas será:

$$P = 17,2 \cdot \frac{60}{3,63} \cdot \frac{50}{60} = 99,17 \frac{\text{m}^3 S}{\text{h}}$$

Para finalizar con esta máquina, el coste de producción será:

$$\text{Coste de producción} = \frac{60 \frac{€}{\text{h}}}{99,17 \frac{\text{m}^3 S}{\text{h}}} = 0,605 \frac{€}{\text{m}^3 S}$$

Como la cantidad de material a mover viene expresada en toneladas, interesa convertir el coste de producción a estas unidades. Para ello el enunciado proporciona la densidad en banco del material y su factor de esponjamiento, siendo entonces la densidad suelta:

$$F_W = \frac{V_B}{V_S} = \frac{d_S}{d_B} \quad \Rightarrow \quad 0,83 = \frac{d_S}{2,02} \quad \Rightarrow \quad d_S = 1,67 \frac{\text{t}}{\text{m}^3 S}$$

Operando con este valor en el coste de producción:

$$\boxed{\text{Coste de producción} = \frac{0,605 \frac{€}{m^3 S}}{1,67 \frac{\text{t}}{\text{m}^3 S}} = 0,362 \frac{€}{\text{t}}}$$

Operando de la misma forma para el caso de la cargadora de ruedas se obtienen los siguientes valores:

Producción (t ó m^3) = Capacidad (t ó m^3/ciclo) · n.° ciclos/hora · f_h

Siendo

(Capacidad, teniendo en cuenta la corrección del factor de llenado)

$$C \cdot f_{LL} = 4{,}75 \cdot 0{,}85 = 4{,}04 \text{ m}^3S$$

(Tiempo de ciclo)

$$t_{\text{CICLO}} = t_{\text{FIJOS}} + t_{\text{VARIABLES}}$$

$$t_{\text{FIJOS}} = 1 \text{ min}$$

$$t_{VARIABLES} = t_{IDA} + t_{VUELTA} = \left(\frac{120}{5{,}2} + \frac{120}{12}\right) \cdot \frac{60}{1.000} = 1{,}98 \text{ min}$$

Operando la ecuación queda:

$$t_{CICLO} = 1 + 1{,}98 = 2{,}98 \text{ min}$$

$$\text{(Eficiencia horaria)} \quad f_h = 0{,}83.$$

Con lo que la expresión de la producción de la cargadora será:

$$P = 4{,}04 \cdot \frac{60}{2{,}98} \cdot \frac{50}{60} = 67{,}78 \frac{\text{m}^3S}{\text{h}}$$

Para finalizar con esta máquina, el coste de producción será:

$$\text{Coste de producción} = \frac{52 \frac{€}{\text{h}}}{67{,}78 \frac{\text{m}^3S}{\text{h}}} = 0{,}767 \frac{€}{\text{m}^3S}$$

En toneladas

$$\text{Coste de producción} = \frac{0{,}767\,\dfrac{€}{m^3S}}{1{,}67\,\dfrac{t}{m^3S}} = 0{,}459\,\frac{€}{t}$$

A raíz de los resultados obtenidos, se observa que la opción más ventajosa es la del tractor, siendo la diferencia de coste entre ambas máquinas:

$$\text{Diferencia de coste de producción} = 0{,}459 - 0{,}362 = 0{,}097\,\frac{€}{t}$$

Si se deben de mover 150.000 toneladas de material y el sobrecoste que se genera es de 0,097 € por cada tonelada en caso de usar la pala cargadora en lugar del tractor, la pérdida económica será:

$$\text{Pérdida económica} = 0{,}097\,\frac{€}{t}\cdot 150.000\ t = 14.550\,€$$

b) **Calcular el coste del m³ en banco y la producción horaria en toneladas en la opción más económica**

Una vez definida como opción más económica el uso del tractor de cadenas, se trata de convertir los valores obtenidos a las unidades que nos pide el enunciado. Para ello se dispone de la densidad en banco y de la densidad suelta del material. Las operaciones a realizar serán las siguientes:

Para el coste de producción

$$\text{Coste de producción} = 0{,}362\,\frac{€}{t}\cdot 2{,}02\,\frac{t}{m^3B} = 0{,}731\,\frac{€}{m^3B}$$

Para la producción

$$P = 99{,}17\,\frac{m^3S}{h}\cdot 1{,}67\,\frac{t}{m^3S} = 165{,}61\,\frac{t}{h}$$

c) **Suponiendo que se trabaja 8 horas diarias y con un factor de organización de 0,75 calcular el menor plazo de finalización**

En este caso no nos piden la opción más económica, sino la más rápida, que vendrá marcada por la mayor producción de las máquinas. En este caso, se da la coincidencia de que la máquina de coste productivo menor (el tractor) es también la de mayor producción. Para la obtención del plazo se debe además tener en cuenta el factor corrector de la producción (según el enunciado 0,75). Por tanto:

$$\text{Plazo de ejecución} = \frac{150.000\,\text{t}}{165{,}61\frac{\text{t}}{\text{h}}\cdot 0{,}75\cdot 8\frac{\text{h}}{\text{día}}} = 150{,}9\ \text{días} \Rightarrow 151\ \text{días}$$

Problema 8

Decisiones de un jefe de producción

En una obra se está transportando material desde un desmonte a vertedero. El jefe de obra desea estimar el coste del m^3 de material cargado y transportado a vertedero a partir de los siguientes datos:

— Carga. Se utiliza una pala cargadora de cazo de 2 m^3 y factor de llenado 1,05. Efectúa el cargue en una disposición en forma de «V» y tarda 40 s. Precio: 100 €/h.

— Transporte. Se utilizan vehículos extraviales tipo «Lagarto» con los siguientes datos: PMA: 45.850 kg y tara: 22.260 kg y tracción total. Tiempo de descarga en el vertedero: 1 minuto. Potencia 320 CV. Rendimiento: 0,95. Precio: 90 €/h. Cuadro de marchas:

- I-8 km/h	II-15 km/h	III-23 km/h
- IV-35 km/h	V-48 km/h	VI-57 km/h

— Material: El material transportado, tiene una densidad de 1,90 y un porcentaje de esponjamiento de 20%.

— Recorrido. Desde el punto de cargue al vertedero el recorrido es, f_T = 0,40 y f_R = 90 kg/t:

- Tramo horizontal de 1 km.
- Tramo en pendiente ascendente de 1 km al 9%.
- Tramo en descenso de 1 km al 5%.
- Vuelta, orden inverso.

Calcular el mínimo precio del cargue y transporte de metro cúbico en banco. La producción mínima necesaria es de 100 m³*B*/h.

Ante el dato anteriormente calculado, el jefe de obra no puede aceptar ese precio, por lo que pide soluciones a su jefe de producción. Una posible solución sería extender una capa de grava-cemento sobre un tramo de 1 km para mejorar la rodadura de los camiones. Calcular en qué tramo de 1 km es mejor extender esa capa de grava cemento. La pista con grava-cemento tendría como nuevos valores f_R = 30 kg/t y f_T = 0,7.

El precio del m³ de grava cemento es de 50 €/m³ y el ancho de la capa a realizar sería de 6 metros por 10 cm de espesor. Cuantos m³ en banco deben de quedar todavía para transportar para que la extensión de dicha capa sea rentable para la obra.

***Nota.* No considerar la resistencia a la aceleración.**

El esquema del recorrido del movimiento de los camiones descrito en el enunciado es el siguiente:

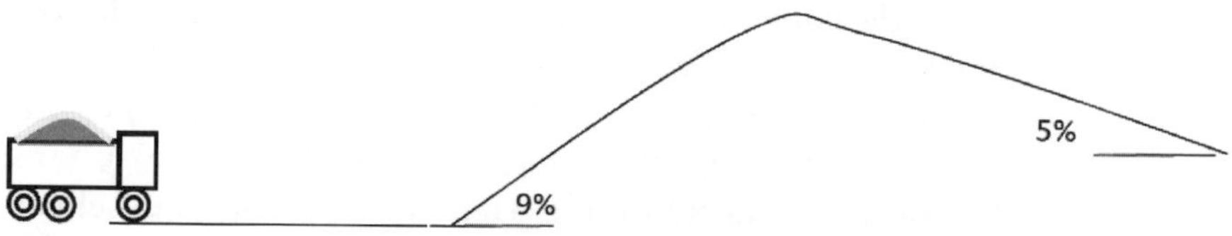

Figura 8.1
Esquema del trazado

En primer lugar analizamos el material transportado. Para ello, a partir de los datos del enunciado, se sabe que:

$$d_B = 1{,}90 \text{ t/m}^3B \quad \text{y, además,} \quad S_W = 20\%.$$

De la definición de S_W se puede obtener la densidad suelta

$$S_W = \frac{d_B - d_S}{d_S} \cdot 100 = 20 \Rightarrow \frac{1{,}90 - d_S}{d_S} = 0{,}20 \Rightarrow d_S = 1{,}583 \frac{\text{t}}{\text{m}^3S}$$

El coeficiente de esponjamiento es:

$$F_W = \frac{d_S}{d_B} = \frac{1,58}{1,90} = 0,83$$

La producción de la pala es:

$$P = C \cdot f_{LL} \cdot \frac{3600}{t_c} \cdot f_h = 2 \cdot 1,05 \cdot \frac{3600}{40} \cdot 0,83 = 156,87 \, \frac{\text{m}^3 S}{\text{h}} = 130,2 \, \frac{\text{m}^3 B}{\text{h}}$$

A continuación se analiza el transporte de material.

En primer lugar se calcula la cantidad que puede transportar cada *dumper:*

$$PMA - \text{Tara} = 45.850 \text{ kg} - 22.260 \text{ kg} = 23.590 \text{ kg}$$

Y en cada camión se podrán cargar el siguiente número de paladas:

$$\text{N.° de paladas} = \frac{23,590 \text{ t}}{2 \cdot 1,05 \cdot 1,58} = 7,1 \text{ paladas} \Rightarrow 7 \text{ paladas}$$

El tiempo de ciclo del camión se calculará mediante:

$$t_c = t_F + t_V = (t_{CARGA} + t_{DESCARGA}) + (t_{IDA} + t_{VUELTA})$$

Y se sabe que:

$$t_{CARGA} = 7 \cdot 40 = 280 \text{ s}$$

$$t_{DESCARGA} = 60 \text{ s}$$

A continuación, se calcula el tiempo empleado en la ida y en la vuelta.

Para que exista movimiento, tiene que cumplirse la ecuación fundamental:

$$T_U \geq T_D \geq R_T$$

En la ida, con el *dumper* cargado:

$$T_U = W_D \cdot f_T = [(7 \cdot 2 \cdot 1{,}05 \cdot 1{,}58) + 22{,}26] \cdot 0{,}4 = 18{,}21 \text{ T} = 18.210{,}4 \text{ kg}$$

Para cada una de las marchas de su cuadro, las tracciones disponibles serán:

$$\text{I: } T_{D_I} = \frac{270 \cdot 320 \cdot 0{,}95}{8} = 10.260 \text{ kg}$$

$$\text{II: } T_{D_{II}} = \frac{270 \cdot 320 \cdot 0{,}95}{15} = 5.472 \text{ kg}$$

$$\text{III: } T_{D_{III}} = \frac{270 \cdot 320 \cdot 0{,}95}{23} = 3.568{,}7 \text{ kg}$$

$$\text{IV: } T_{D_{IV}} = \frac{270 \cdot 320 \cdot 0{,}95}{35} = 2.345{,}1 \text{ kg}$$

$$\text{V: } T_{D_V} = \frac{270 \cdot 320 \cdot 0{,}95}{48} = 1.710 \text{ kg}$$

$$\text{VI: } T_{D_{VI}} = \frac{270 \cdot 320 \cdot 0{,}95}{57} = 1.440 \text{ kg}$$

Para cualquier velocidad, se cumple que $T_U \geq T_D$ en la ida.

Las resistencias al movimiento en cada tramo de la ida son:

— Tramo horizontal:

$$R_T = W \cdot (f_R + 10 \cdot i) = 45{,}486 \cdot (90 + 0) = 4.093{,}74 \text{ kg}$$

— Tramo rampa + 9%:

$$R_T = W \cdot (f_R + 10 \cdot i) = 45{,}486 \cdot (90 + 90) = 8.187{,}48 \text{ kg}$$

— Tramo pendiente – 5%:

$$R_T = W \cdot (f_R + 10 \cdot i) = 45{,}486 \cdot (90 - 50) = 1.819{,}44 \text{ kg}$$

Por tanto, a la ida,

— En el tramo horizontal circula en II marcha, 15 km/h.
— En el tramo en rampa al 9% circula en I marcha, 8 km/h.
— En el tramo en pendiente al 5% circula en IV marcha, 35 km/h.

En la vuelta, los valores de la tracción disponible para cada marcha son los mismos, T_U es:

$$T_U = W_D \cdot f_T = 22{,}26 \cdot 0{,}4 = 8{,}904 \text{ t} = 8.904 \text{ kg}$$

Las resistencias al movimiento en cada tramo de la vuelta son:

— Tramo rampa + 5%:

$$R_T = W \cdot (f_R + 10 \cdot i) = 22{,}26 \cdot (90 + 50) = 3.116{,}4 \text{ kg}$$

— Tramo pendiente – 9%:

$$R_T = W \cdot (f_R + 10 \cdot i) = 45{,}486 \cdot (90 - 90) = 0 \text{ kg}$$

— Tramo horizontal:

$$R_T = W \cdot (f_R + 10 \cdot i) = 22{,}26 \cdot (90 + 0) = 2.003{,}4 \text{ kg}$$

Por tanto, a la vuelta,

— En el tramo en rampa al 5% circula en III marcha, 35 km/h.
— En el tramo en pendiente al 9% circula en VI marcha, 57 km/h.
— En el tramo horizontal circula en IV marcha, 35 km/h.

Y por tanto, el tiempo de ciclo del *dumper* es:

$$t_c = t_F + t_V = 280 + 60 + \left(\frac{1}{15} + \frac{1}{8} + \frac{1}{35} + \frac{1}{23} + \frac{1}{57} + \frac{1}{35}\right) \cdot 3600 = 1.455 \text{ seg}$$

La producción del *dumper* es:

$$P = (7 \cdot 2 \cdot 1{,}05) \cdot \frac{3.600}{1.455} \cdot 0{,}83 = 30{,}18 \, \frac{\text{m}^3 S}{\text{h}} = 25{,}15 \, \frac{\text{m}^3 B}{\text{h}}$$

Igualando las producciones del *dumper* y de la pala, se puede obtener el número de *dumpers* a utilizar

$$\frac{130{,}2\ \frac{\text{m}^3B}{\text{h}}}{25{,}15\ \frac{\text{m}^3B}{\text{h}}} = 5{,}17 \text{ camiones}$$

Con 5 camiones el cuello de botella serán los camiones y se obtiene el precio más barato. Se debe comprobar que se obtiene la producción mínima exigida.

$$P_{5C} = 25{,}15 \cdot 5 = 125{,}75 \frac{\text{m}^3B}{\text{h}}$$

$$\text{Coste}_{5C} = \frac{100 + 5 \cdot 90}{125{,}75} = 4{,}37 \frac{€}{\text{m}^3B}$$

Con 6 camiones el cuello de botella será la pala cargadora y se obtiene la máxima producción

$$P_{6C} = P_{PALA} = 130{,}2 \frac{\text{m}^3B}{\text{h}}$$

$$\text{Coste}_{6C} = \frac{100 + 6 \cdot 90}{130{,}2} = 4{,}92 \frac{€}{\text{m}^3B}$$

Por tanto, el precio mínimo para el cargue y transporte, con una producción de al menos 100 m^3B/h se consigue con una pala y 5 *dumpers* y es de 4,37 €/m^3B.

Dado que se debe optimizar ese coste, una solución es extender una capa de gravacemento en alguno de los tramos de 1 km, cambiando el coeficiente de rozamiento, f_R = 30 kg/t.

Se calcula el ahorro de tiempo que supone la extensión de la capa de gravacemento en cada uno de los tramos del recorrido. Para ello se calcula la resistencia al movimiento a la ida y a la vuelta y se establece en qué marchas se producirá el movimiento.

En el tramo horizontal:

— Ida:

$$R_T = W \cdot (f_R + 10 \cdot i) = 45{,}486 \cdot (30 + 0) = 1.364{,}58 \text{ kg} \Rightarrow \text{VI} \quad (57 \text{ km/h})$$

— Vuelta:

$$R_T = W \cdot (f_R + 10 \cdot i) = 22{,}26 \cdot (30 + 0) = 667{,}8 \text{ kg} \Rightarrow \text{VI} \quad (57 \text{ km/h})$$

$$t_{ANTERIOR} = \left(\frac{1}{15} + \frac{1}{35}\right) \cdot 3.600 = 343 \text{ s}$$

$$t_{NUEVO} = \left(\frac{1}{57} + \frac{1}{57}\right) \cdot 3.600 = 126 \text{ s}$$

Ahorro de tiempo: $\Delta t = 126 - 343 = -217$ s

En el tramo de rampa del 9%:

— Ida:

$$R_T = W \cdot (f_R + 10 \cdot i) = 45{,}486 \cdot (30 + 90) = 5.458{,}32 \text{ kg} \Rightarrow \text{II} \quad (15 \text{ km/h})$$

— Vuelta:

$$R_T = W \cdot (f_R + 10 \cdot i) = 22{,}26 \cdot (30 - 90) = -1.335{,}6 \text{ kg} \Rightarrow \text{VI} \quad (57 \text{ km/h})$$

$$t_{ANTERIOR} = \left(\frac{1}{8} + \frac{1}{57}\right) \cdot 3.600 = 513 \text{ s}$$

$$t_{NUEVO} = \left(\frac{1}{15} + \frac{1}{57}\right) \cdot 3.600 = 303 \text{ s}$$

Ahorro de tiempo: $\Delta t = 303 - 513 = -210$ s

En el tramo de pendiente del 5%:

— Ida:

$$R_T = W \cdot (f_R + 10 \cdot i) = 45{,}486 \cdot (30 - 5 \cdot 10) = -909{,}72 \text{ kg} \Rightarrow \text{VI} \quad (57 \text{ km/h})$$

— Vuelta:

$$R_T = W \cdot (f_R + 10 \cdot i) = 22{,}26 \cdot (30 + 5 \cdot 10) = 1.780{,}8 \text{ kg} \Rightarrow \text{IV} \quad (35 \text{ km/h})$$

$$t_{ANTERIOR} = \left(\frac{1}{35} + \frac{1}{23}\right) \cdot 3.600 = 259 \text{ s}$$

$$t_{NUEVO} = \left(\frac{1}{57} + \frac{1}{35}\right) \cdot 3.600 = 166 \text{ s}$$

Ahorro de tiempo: $\Delta t = 303 - 513 = -210$ s

El mayor ahorro de tiempo se obtiene disponiendo la capa de gravacemento en el tramo horizontal. El nuevo tiempo de ciclo del *dumper* con la capa de gravacemento en ese tramo es:

$$t_c = t_F + t_V = 280 + 60 + \left(\frac{1}{57} + \frac{1}{8} + \frac{1}{35} + \frac{1}{23} + \frac{1}{57} + \frac{1}{57}\right) \cdot 3600 = 1.238 \text{ s}$$

Y la producción del *dumper* será:

$$P = (7 \cdot 2 \cdot 1{,}05) \times \frac{3.600}{1.238} \cdot 0{,}83 = 35{,}48 \frac{\text{m}^3 S}{\text{h}} = 29{,}45 \frac{\text{m}^3 B}{\text{h}}$$

El número de camiones necesarios será:

$$\frac{130{,}2 \dfrac{\text{m}^3 B}{\text{h}}}{29{,}45 \dfrac{\text{m}^3 B}{\text{h}}} = 4{,}42 \text{ camiones}$$

Con 4 camiones el cuello de botella serán los camiones y se obtiene el precio más barato.

$$P_{4C} = 29{,}45 \cdot 4 = 117{,}8 \frac{\text{m}^3 B}{\text{h}}$$

Se comprueba que se obtiene la producción mínima exigida (100 m^3B/h).

$$Coste_{4C} = \frac{100 + 4 \cdot 90}{117,8} = 3,90 \frac{€}{m^3B}$$

Con 5 camiones el cuello de botella será la pala cargadora y se obtiene la máxima producción

$$P_{5C} = P_{PALA} = 130,2 \frac{m^3B}{h}$$

$$Coste_{5C} = \frac{100 + 5 \cdot 90}{130,2} = 4,22 \frac{€}{m^3B}$$

Por tanto, la capa de gravacemento se debe extender en el tramo horizontal. El coste de esa capa, de 1 km de largo, 6 m de ancho y 10 cm de espesor, a un precio de 50 €/m^3 es:

$$Coste = (1000 \cdot 6 \cdot 0,1) \cdot 50 \frac{€}{m^3} = 30.000\ €$$

Por tanto, para amortizar ese coste que supone la extensión de la capa de gravacemento, dado que en cada m^3 que se transporta en las nuevas condiciones se ahorra:

$$Ahorro = 4,37 - 3,90 = 0,47 \frac{€}{m^3B}$$

Por consiguiente, se necesitan que queden por transportar:

$$\boxed{\frac{30.000\ €}{0,47 \frac{€}{m^3B}} = 63.829,79\ m^3}$$

Problema 9

Conceptos de disponibilidad, utilización y amortización

Una máquina de movimiento de tierras tiene una producción según catálogo de 400 m^3/h. Las esperas estando la máquina a disposición suponen el 15% del tiempo disponible de la máquina.

Las horas de parada debidas a mantenimiento o reparación de averías suponen el 8% de las horas de utilización.

El precio de venta del fabricante es de 60.000 € y se estima una vida útil de 6 años.

Se pide calcular:

a) La producción real de la maquina.
b) Amortización anual por el método de la suma de los dígitos, si el valor residual es el 10% del precio de venta.

El enunciado proporciona los datos necesarios para el cálculo del factor de disponibilidad y el factor de utilización de la máquina, que, una vez aplicados a la producción teórica, corregirán el valor de ésta a las condiciones de trabajo de la máquina.

Partiendo de las ecuaciones que definen el factor de disponibilidad y de utilización:

$$F_d = \frac{H_d}{H_l} = \frac{H_u + H_p}{H_u + H_p + H_m} \qquad F_u = \frac{H_u}{H_d} = \frac{H_u}{H_u + H_p}$$

Siendo:

H_d = horas disponibles de la máquina (siendo $H_d = H_u + H_p$).
H_l = horas laborales (siendo $H_l = H_u + H_p + H_m$).
H_u = horas de utilización.
H_p = horas de parada o de espera.
H_m = horas de mantenimiento o reparación.

El enunciado proporciona las siguientes relaciones:

$$H_p = 0,15\ H_d$$

$$H_p = 0,15 \cdot (H_u + H_p) \Rightarrow 0,85 \cdot H_p = 0,15 \cdot H_u \Rightarrow H_p = 0,176 \cdot H_u$$

$$H_m = 0,08\ H_u$$

Llevando estas relaciones a la fórmula inicial:

$$F_d = \frac{H_d}{H_l} = \frac{H_u + H_p}{H_u + H_p + H_m} = \frac{H_u + 0,176H_u}{H_u + 0,176H_u + 0,08H_u} = 0,936 = 93,6\ \%$$

El factor de disponibilidad indica que por cada hora de trabajo posible en obra, la máquina está en condiciones de uso el 93,6% del tiempo.

Aplicando ahora los valores en la fórmula del factor de utilización:

$$F_u = \frac{H_u}{H_d} = \frac{H_u}{H_u + H_p} = \frac{H_u}{H_u + 0,176H_u} = 0,85 = 85\%$$

El factor de utilización indica que por cada hora que la máquina está en condiciones de uso el 85% del tiempo está trabajando.

a) **Producción real de la máquina**

La producción real, teniendo en cuenta los factores obtenidos, será:

$$P = P_T \cdot F_d \cdot F_u = 400 \cdot 0{,}936 \cdot 0{,}85 = 318{,}24\ \frac{\text{m}^3}{\text{h}}$$

b) **Amortización anual por el método de la suma de los dígitos, si el valor residual es el 10% del precio de venta**

El valor residual será:

$$10\% \cdot 60.000€ = 6.000\ €$$

La cantidad a amortizar o valor de depreciación que sufrirá la máquina en sus 6 años de vida es:

$$60.000 - 6.000 = 54.000\ €$$

Para aplicar el método de la suma de dígitos debemos comenzar por sumar los dígitos del 1 al 6 que son los años previstos de vida de la máquina:

$$1 + 2 + 3 + 4 + 5 + 6 = 21$$

Para saber la cantidad amortizada el primer año calcularíamos los 6/21 de 54.000 €, los 5/21 en el segundo y así en los sucesivos años hasta el sexto.

La cantidad a amortizar cada año y el valor de la máquina al final del mismo, vienen reflejadas en la siguiente tabla:

Tabla 9.1

Evolución anual de la amortización y del valor de la maquina

Año	Amortización anual	Amortización acumulada	Valor al final del año
0	—	—	60.000,00 €
1	$\frac{6}{21} \cdot 54.000 = 15.428,57$	15.428,57	44.571,43 €
2	$\frac{5}{21} \cdot 54.000 = 12.857,14$	28.285,71	31.714,29 €
3	$\frac{4}{21} \cdot 54.000 = 10.285,71$	38.571,42	21.428,58 €
4	$\frac{3}{21} \cdot 54.000 = 7.714,29$	46.285,71	13.714,29 €
5	$\frac{2}{21} \cdot 54.000 = 5.142,86$	51.428,57	8.571,43 €
6	$\frac{1}{21} \cdot 54.000 = 2.571,43$	54.000,00	6.000,00 €

Problema 10

Obtención del coste horario

Una máquina de la firma «A» tiene una producción según catálogo de 400 m^3S/h. las esperas estando la máquina a disposición suponen el 20% del tiempo disponible de la máquina. Las horas de parada debidas a mantenimiento o reparación de averías suponen el 2% de las horas laborales. Su coste es de 72.000 €, se estima que trabajaría unas 800 h al año y su promedio de vida es de 5.600 h.

La máquina de similares características de la firma «B» tiene una producción real según dice el fabricante de 250 m^3S/h. Su coste es de 60.000 €, se estima que trabajaría unas 700 h al año y su promedio de vida es de 4.200 h.

En ambos casos se estima un valor residual equivalente al 10% del coste de adquisición.

- Ambas máquinas se amortizarán linealmente.
- Se considerarán como cargas indirectas anuales el 60% del valor residual de la máquina.
- El gasto estimado de consumo de combustible y mano de obra es de 18 €/h en ambos casos.
- Los gastos de mantenimiento se estiman en un 4% de los costes de amortización.

Determinar cuál sería la opción más ventajosa de compra en función del coste de producción.

El enunciado pide explícitamente el análisis del coste de producción de ambas unidades y a partir de su comparativa emitir una decisión.

Empezando con la máquina «A», se debe, en primer lugar, determinar su producción real, corrigiendo la teórica con el factor de disponibilidad y el de utilización, a partir de los datos del enunciado.

A partir de la información dada, se deduce:

(Horas de parada o espera)

$$H_p = 0,20\, H_d \Rightarrow H_p = 0,20 \cdot (H_u + H_p) \Rightarrow 0,80 \cdot H_p = 0,20 \cdot H_u$$

$$\boxed{H_p = 0,25 \cdot H_u}$$

(Horas de mantenimiento o reparación)

$$H_m = 0,02 \cdot (H_u + H_p + H_m) \Rightarrow H_m = 0,02 \cdot (H_u + 0,25 H_u + H_m) \Rightarrow$$

$$\Rightarrow 0,98 \cdot H_m = 0,025 \cdot H_u$$

$$\boxed{H_m = 0,0255 \cdot H_u}$$

Por tanto:

$$F_d = \frac{H_d}{H_l} = \frac{H_u + H_p}{H_u + H_p + H_m} = \frac{H_u + 0,25 \cdot H_u}{H_u + 0,25 \cdot H_u + 0,0255 \cdot H_u} = 0,98 = 98\ \%$$

$$F_u = \frac{H_u}{H_d} = \frac{H_u}{H_u + H_p} = \frac{H_u}{H_u + 0,25 \cdot H_u} = 0,80 = 80\ \%$$

Con lo que la producción real de la máquina «A» será:

$$\boxed{P = P_T \cdot F_d \cdot F_u = 400 \cdot 0,98 \cdot 0,80 = 313,6\ \frac{\text{m}^3 S}{\text{h}}}$$

Para el cálculo del coste horario, el enunciado determina 4 factores a considerar:

1. Amortización lineal de las máquinas, considerando un valor residual del 10% del coste. Es decir:

$$\text{Valor Residual} = 72.000 \cdot 0{,}1 = 7.200\ €$$

$$\text{Coste a amortizar: } 72.000 - 7.200 = 64.800\ €$$

$$\text{Coste de Amortización} = \frac{64.800\ €}{5.600\ \text{h}} = 11{,}57 \frac{€}{\text{h}}$$

2. Cargas indirectas anuales el 60% del valor residual.

$$\text{Costes indirectos anuales} = 0{,}6 \cdot 7.200 = 4.320 \frac{€}{\text{año}}$$

$$\text{Costes indirectos} = \frac{4.320 \frac{€}{\text{año}}}{800 \frac{\text{h}}{\text{año}}} = 5{,}4 \frac{€}{\text{h}}$$

3. Combustible y mano de obra.

$$\text{Combustible y M.O.} = 18 \frac{€}{\text{h}}$$

4. Los gastos de mantenimiento se estiman en un 4% de los costes de amortización.

$$\text{Mantenimiento} = 0{,}04 \cdot 11{,}57 = 0{,}462 \frac{€}{\text{h}}$$

Con lo que queda:

$$\boxed{\text{Coste Total} = 11{,}57 + 5{,}4 + 18 + 0{,}462 = 35{,}432 \frac{€}{\text{h}}}$$

Siendo el coste de producción:

$$\text{Coste producción} = \frac{35{,}432\,\frac{€}{h}}{313{,}6\,\frac{m^3S}{h}} = 0{,}113\,\frac{€}{m^3S}$$

Para el caso de la máquina «B», el enunciado dice que los 250 m^3S/h es una producción real, por lo que solamente se debe calcular el coste horario, particularizando las condiciones a los valores dados, se tiene:

1. Amortización lineal de las máquinas, considerando un valor residual del 10% del coste. Es decir:

$$\text{Valor residual} = 60.000 \cdot 0{,}1 = 6.000\ €.$$

$$\text{Coste a amortizar: } 60.000 - 6.000 = 54.000\ €$$

$$\text{Coste de Amortización} = \frac{54.000\ €}{4.200\ h} = 12{,}86\,\frac{€}{h}$$

2. Cargas indirectas anuales el 60% del valor residual.

$$\text{Costes indirectos anuales} = 0{,}6 \cdot 6.000 = 3.600\,\frac{€}{\text{año}}$$

$$\text{Costes indirectos} = \frac{3.600\,\frac{€}{\text{año}}}{700\,\frac{h}{\text{año}}} = 5{,}14\,\frac{€}{h}$$

3. Combustible y mano de obra.

$$\text{Combustible y M.O.} = 18\,\frac{€}{h}$$

4. Los gastos de mantenimiento se estiman en un 4% de los costes de amortización.

$$\text{Mantenimiento} = 0{,}04 \cdot 12{,}86 = 0{,}514\ \frac{€}{\text{h}}$$

Con lo que queda:

$$\text{Coste Total} = 12{,}86 + 5{,}14 + 18 + 0{,}514 = 36{,}514\ \frac{€}{\text{h}}$$

Siendo el coste de producción:

$$\text{Coste producción} = \frac{36{,}514\,\frac{€}{\text{h}}}{250\,\frac{\text{m}^3S}{\text{h}}} = 0{,}146\ \frac{€}{\text{m}^3S}$$

Comparando ambos costes de producción se observa que es menor (y por tanto más rentable) el de la máquina «A» $\left(0{,}113\frac{€}{\text{m}^3S}\right)$ ***frente a la máquina B*** $\left(0{,}146\frac{€}{\text{m}^3S}\right)$

Problema 11

Trabajo combinado de un *bulldozer*

Se pretende realizar la excavación de un desmonte para lo cual se requerirá un escarificado y empuje previo y la posterior carga y transporte del material en *dumpers*. Las características del tractor empleado en la operación son:

- **Equipo de ripado de un diente. Número de pasadas necesarias 2.**
- **Velocidad de escarificado 1 km/h y de retroceso 4 km/h.**
- **Profundidad de ripado 0,8 m y distancia entre carriles de ripado 1,6 m.**
- **Velocidad de empuje 2 km/h y de retorno 6 km/h.**
- **Capacidad de la hoja de empuje 15 m³ y tiempo de apilado al terminar el empuje 3 s.**
- **Tiempo de cambio de marcha 5 s.**
- **La longitud de la traza de trabajo es de 60 m.**
- **Factor de esponjamiento del terreno 0,59.**
- **Eficiencia horaria f_h = 0,83.**

Se pide: tiempo en cada hora de trabajo dedicado a la escarificación y al empuje.

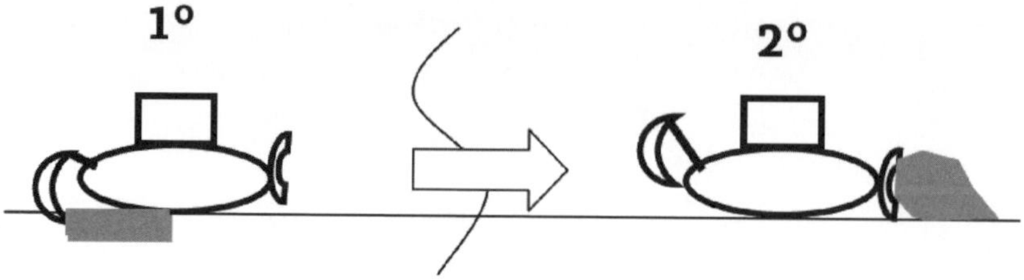

Figura 11.1
Esquema de las operaciones a realizar por el *bulldozer*

El enunciado describe que se deben realizar dos trabajos. En primer lugar un escarificado y posteriormente el empuje del terreno escarificado. Sin embargo, los trabajos tienen la particularidad de que ambos son realizados por la misma máquina.

En estas circunstancias, la producción horaria que obtenga la máquina, será el resultado de la ponderación de las producciones de cada una de las actividades.

A partir de este razonamiento, para dar solución al problema, se empezará por calcular ambas producciones, la de escarificado y la de empujado.

Los datos para la producción de ripado son:

Producción (t ó m^3) = Capacidad (t ó m^3/ciclo) · n.º ciclos/hora · f_h

Siendo

Capacidad: Volumen de terreno ripado en cada pasada.

$$C = 60 \cdot 0{,}5 \cdot 1{,}2 = 76{,}8\ m^3B$$

(puesto que las medidas son sobre la traza)

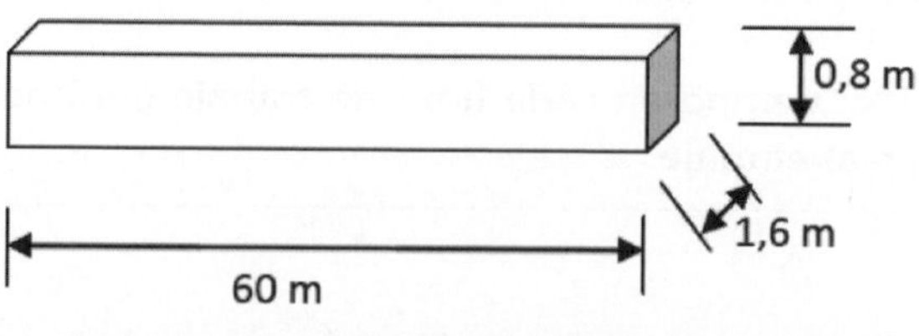

Figura 11.2
Volumen de material ripado en cada ciclo

$$\text{(Tiempo de ciclo)} \quad t_{\text{CICLO}} = t_{\text{FIJOS}} + t_{\text{VARIABLES}}$$

t_{FIJOS} = 10 s (1 cambio de marcha hacia adelante y otro hacia atrás)

$$t_{VARIABLES} = t_{IDA} + t_{VUELTA} = \left(\frac{60}{1} + \frac{60}{4}\right) \cdot \frac{3.600}{1.000} = 270\,\text{s}$$

El tiempo de ciclo en realizar una pasada de ida y vuelta será:

$$t_{\text{CICLO}} = 10 + 270 = 280\ \text{s.}$$

Pero como el enunciado indica que, para dejar el volumen ripado en las adecuadas condiciones para su posterior empuje, son necesarias dos pasadas, el tiempo de ciclo para trabajar los 36 m^3B de terreno será:

$$t_{\text{CICLO}} = 2 \cdot 280 = 560\ \text{s.}$$

$$\text{(Eficiencia horaria)} \quad f_h = 0{,}83$$

Con lo que la producción de ripado será:

$$P = 76{,}8 \cdot \frac{3.600}{560} \cdot 0{,}83 = 409{,}78 \frac{\text{m}^3B}{\text{h}}$$

A partir del factor de esponjamiento, la producción equivalente en m^3S será:

$$P = \frac{409{,}78 \dfrac{\text{m}^3B}{\text{h}}}{0{,}59 \dfrac{\text{m}^3B}{\text{m}^3S}} = 694{,}55 \frac{\text{m}^3S}{\text{h}}$$

Por otra parte, los datos para la producción como empujador son:

$$\boxed{\text{Producción (t ó m}^3\text{)} = \text{Capacidad (t ó m}^3\text{/ciclo)} \cdot \text{n.° ciclos/hora} \cdot f_h}$$

Siendo

$$\text{Capacidad: } 15\ \text{m}^3S$$

(Tiempo de ciclo) $t_{CICLO} = t_{FIJOS} + t_{VARIABLES}$

$t_{FIJOS} = 3$ s (apilado) $+10$ s

(1 cambio de marcha hacia adelante y otro hacia atrás) = 13 s

$$t_{VARIABLES} = t_{IDA} + t_{VUELTA} = \left(\frac{60}{2} + \frac{60}{6}\right) \cdot \frac{3.600}{1.000} = 144 \text{ s}$$

El tiempo de ciclo en realizar una pasada de ida y vuelta será:

$$t_{CICLO} = 13 + 144 = 157 \text{ s}$$

(Eficiencia horaria) $f_h = 0{,}83$

Con lo que la producción de empuje será:

$$P = 15 \cdot \frac{3.600}{157} \cdot 0{,}83 = 285{,}78 \frac{\text{m}^3 S}{\text{h}}$$

A partir de estos valores, el tiempo dedicado por cada hora de trabajo a ripar será:

$$t_e = \frac{P_b}{P_e + P_b} = \frac{285{,}78}{285{,}78 + 694{,}55} = 0{,}29$$

Es decir,

60 · 0,29 = 17,4 minutos de cada 60.

Y el tiempo dedicado a empujar:

$$t_b = \frac{P_e}{P_e + P_b} = \frac{694{,}55}{285{,}78 + 694{,}55} = 0{,}71$$

Es decir,

60 · 0,71 = 42,6 minutos de cada 60.

Problema 12

Coordinación de maquinaria

Se pretende realizar un trabajo de excavación de 50.000 m^3 en perfil con mototraíllas ayudadas por un tractor empujador. La densidad en banco del material a remover es de 1,78. La carga útil de cada traílla es de 26,7 t y la distancia de transporte 2 km. Se supondrá una velocidad de acarreo de 27 km/h y una velocidad de retorno de 45 km/h, con un tiempo de carga de cada traílla de 0,8 min. y, además, que los tiempos empleados en giros aceleraciones y descarga será de 2 min.

El tractor recorre cada vez una distancia total de 150 m a una velocidad de 6 km/h desde el punto de origen y el punto de maniobra y retorno.

Los costes diarios son de 340 € para el tractor y 650 € cada traílla. La eficiencia horaria a considerar será de 0,83 con jornadas de 8 horas.

Se pide:

a) N.° de traíllas necesario, plazo de ejecución y coste de la operación indicando cuando se realiza el mínimo coste, mínimo plazo y máxima producción.
b) Calcular los costes y producciones en el caso de emplear 3, 4, 5 o 6 mototraíllas.

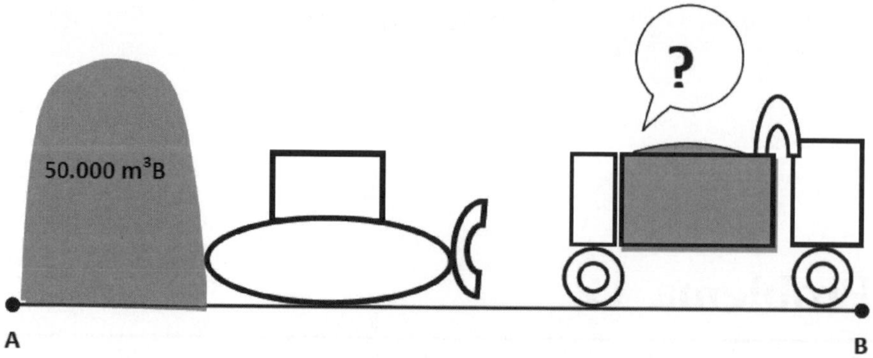

Figura 12.1
Volumen de material y maquinaria a emplear para el trabajo

El enunciado especifica que las traíllas deben trabajar con la ayuda de un tractor empujador (durante la carga).

Planteada esta condición se analiza en primer lugar el número de traíllas que pueden ser atendidas por el tractor en función de las condiciones del problema (distancia de acarreo de la traílla, velocidades de ida y vuelta y tiempo de ciclo del tractor).

El tiempo de ciclo empleado por la traílla para el trabajo será:

$$t_{\text{CICLO}} = t_{\text{FIJOS}} + t_{\text{VARIABLES}}$$

$$t_{\text{FIJOS}} = t_{\text{CARGA}} + t_{\text{GIROS, ACEEL Y DESCAR}} = 0{,}8 + 2 = 2{,}8 \text{ min}$$

$$t_{VARIABLES} = t_{IDA} + t_{VUELTA} = \left(\frac{2}{27} + \frac{2}{45}\right) \cdot 60 = 7{,}11 \text{ min}$$

Por tanto:

$$t_{\text{CICLO}} = 2{,}8 + 7{,}11 = 9{,}91 \text{ min}$$

Por otra parte, el tiempo de ciclo empleado por el tractor será:

$$t_{\text{CICLO}} = t_{\text{MANIOBRA}} + t_{\text{CARGA}} = 1{,}5 + 0{,}8 = 2{,}3 \text{ min.}$$

Para obtener el tiempo de maniobra, el enunciado indica que se realiza un desplazamiento de 150 m a una velocidad de 6 km/h, por lo tanto:

$$t_{MANIOBRA} = \frac{150}{6} \cdot \frac{60}{1.000} = 1,5 \text{ min}$$

A partir de estos datos y aplacando la relación de igualdad de frecuencias, se obtiene que el número de traíllas que pueden ser atendidas por el tractor es:

$$\boxed{\frac{N_1}{T_1} = \frac{N_2}{T_2} \quad \Rightarrow \quad \frac{1}{2,3} = \frac{N_2}{9,91} \quad \Rightarrow \quad N_2 = 4,31}$$

El valor obtenido indica que un tractor puede atender, según las condiciones dadas, a 4,31 traíllas. Como una relación «no entera» es imposible entre máquinas, se deberá optar por elegir trabajar con 4 o 5 traíllas lo que supone:

— *4 traíllas:* Las traíllas suponen una limitación a la capacidad productiva y por tanto son el cuello de botella del equipo de trabajo.
— *5 traíllas:* El tractor limita la capacidad productiva y se convierte, en este caso, en el cuello de botella.

Se analizaran, como paso previo, las producciones plazos y coste en estos dos casos (4 o 5 traíllas).

a) **4 traíllas**

Como se ha comentado anteriormente, la capacidad productiva estará limitada por las traíllas, por lo que la producción total del conjunto será:

$$P = 4 \cdot \left(26,7\,\text{t} \cdot \frac{60\,\frac{\text{min}}{\text{h}}}{9,91\,\text{min}} \cdot 0,83 \right) = 536,69\,\frac{\text{t}}{\text{h}}$$

Para convertir este valor de la producción en unidades de m³*B*/h se utiliza el dato de la densidad en banco:

$$P = \frac{536{,}69\,\frac{\text{t}}{\text{h}}}{1{,}78\,\frac{\text{t}}{\text{m}^3 B}} = 301{,}51\,\frac{\text{m}^3 B}{\text{h}}$$

El coste de producción sería:

$$C = \frac{\dfrac{(4 \cdot 650 + 340)\,\frac{€}{\text{día}}}{8\,\frac{\text{h}}{\text{día}}}}{301{,}51\,\frac{\text{m}^3 B}{\text{h}}} = 1{,}22\,\frac{€}{\text{m}^3 B}$$

Mínimo coste

Y el plazo

$$Plazo = \frac{50.000\ \text{m}^3 B}{301{,}51\,\frac{\text{m}^3 B}{\text{h}} \cdot 8\,\frac{\text{h}}{\text{día}}} = 20{,}73\ \text{días} \Rightarrow 21\ \text{días}$$

b) **5 traíllas**

En este caso el cuello de botella lo marca ahora el tractor, por lo tanto:

$$P = 26{,}7\ \text{t} \cdot \frac{60\,\frac{\text{min}}{\text{h}}}{2{,}3\ \text{min}} \cdot 0{,}83 = 578{,}11\,\frac{\text{t}}{\text{h}}$$

Para convertir este valor de la producción en unidades de m³*B*/h se utiliza el dato de la densidad en banco:

$$P = \frac{578{,}11 \dfrac{\text{t}}{\text{h}}}{1{,}78 \dfrac{\text{t}}{\text{m}^3 B}} = 324{,}78 \frac{\text{m}^3 B}{\text{h}}$$

El coste de producción sería:

$$C = \frac{\dfrac{(5 \cdot 650 + 340) \dfrac{€}{\text{día}}}{8 \dfrac{\text{h}}{\text{día}}}}{324{,}78 \dfrac{\text{m}^3 B}{\text{h}}} = 1{,}38 \frac{€}{\text{m}^3 B}$$

Y el plazo

$$\text{Plazo} = \frac{50.000 \text{ m}^3 B}{324{,}78 \dfrac{\text{m}^3 B}{\text{h}} \cdot 8 \dfrac{\text{h}}{\text{día}}} = 19{,}24 \text{ días} \Rightarrow 20 \text{ días}$$

Mínimo plazo

Analizando el caso de usar 3 o 6 traíllas (para completar el segundo apartado).

c) **3 traíllas**

En este caso el cuello de botella son las traíllas, por lo que los valores de los distintos apartados serán:

$$P = 3 \cdot \left(26{,}7 \text{t} \cdot \frac{60 \dfrac{\text{min}}{\text{h}}}{9{,}91 \text{ min}} \cdot 0{,}83 \right) = 402{,}52 \frac{\text{t}}{\text{h}}$$

Para convertir este valor de la producción en unidades de $\text{m}^3 B/\text{h}$ se utiliza el dato de la densidad en banco:

$$P = \frac{402{,}52\,\frac{\text{t}}{\text{h}}}{1{,}78\,\frac{\text{t}}{\text{m}^3B}} = 226{,}13\,\frac{\text{m}^3B}{\text{h}}$$

El coste de producción sería:

$$C = \frac{\dfrac{(3\cdot 650 + 340)\,\frac{€}{\text{día}}}{8\,\frac{\text{h}}{\text{día}}}}{226{,}13\,\frac{\text{m}^3B}{\text{h}}} = 1{,}26\,\frac{€}{\text{m}^3B}$$

Y el plazo

$$\text{Plazo} = \frac{50.000\ \ \text{m}^3B}{226{,}13\,\frac{\text{m}^3B}{\text{h}}\cdot 8\,\frac{\text{h}}{\text{día}}} = 27{,}64\ \text{días} \quad\Rightarrow\quad 28\ \text{días}$$

d) **6 traíllas**

En este caso la capacidad productiva está limitada por el tractor, por lo que los valores de los distintos apartados serán:

$$P = 26{,}7\,\text{t}\cdot\frac{60\,\frac{\text{min}}{\text{h}}}{2{,}3\ \text{min}}\cdot 0{,}83 = 578{,}11\,\frac{\text{t}}{\text{h}}$$

Para convertir este valor de la producción en unidades de m³*B*/h se utiliza el dato de la densidad en banco:

$$P = \frac{578{,}11\,\dfrac{\text{t}}{\text{h}}}{1{,}78\,\dfrac{\text{t}}{\text{m}^3B}} = 324{,}78\,\frac{\text{m}^3B}{\text{h}}$$

El coste de producción sería:

$$C = \frac{\dfrac{(6\cdot 650 + 340)\,\dfrac{€}{\text{día}}}{8\,\dfrac{\text{h}}{\text{día}}}}{324{,}78\,\dfrac{\text{m}^3B}{\text{h}}} = 1{,}63\,\frac{€}{\text{m}^3B}$$

Y el plazo

$$\text{Plazo} = \frac{50.000\ \text{m}^3B}{324{,}78\,\dfrac{\text{m}^3B}{\text{h}}\cdot 8\,\dfrac{\text{h}}{\text{día}}} = 19{,}24\ \text{días} \quad\Rightarrow\quad 20\ \text{días}$$

Problema 13

Coordinación de maquinaria y resistencia a la aceleración

Una empresa debe elaborar una oferta para la adjudicación de una obra de movimiento de tierras. El trabajo consistirá en la excavación superficial en préstamo y posterior extendido en la traza. El material a excavar tiene una $d_B = 2$ t/m^3 y $F_W = 0{,}85$.

La distancia del préstamo al lugar de extendido consta de un tramo recto de 500 m de longitud y una pendiente descendente final de un 8% de inclinación de 1.300 m, siendo la f_R de la pista de 85 kg/t.

El parque de maquinaria de que dispone consta de traíllas convencionales y tractores empujadores, siendo las características de las maquinas:

— *Traíllas convencionales:* volumen de la caja colmada 20 m^3, peso en vacío 15 t, ancho de la cuchilla de corte 2,5 m, profundidad máxima de corte 20 cm, potencia 260 H.P., rendimiento mecánico 0,80, tiempos fijos de maniobra 1,2 min, coste horario 100 €, cuadro de velocidades.

I-10 km/h   II-25 km/h   III-50 km/h (max.)

Se estima que la carga de la traílla se realizará en 40 m.

— *Tractores empujadores:* tiempos de maniobras marcha atrás y marcha adelante hasta topar con la traílla 2,5 min, la velocidad durante la fase de carga es de 5 km/h, coste horario 80 €.

Considerando f_h = 0,83. Se pide:

a) Calcular el número de traíllas a utilizar por tractor y el coste de producción.
b) Producción y coste si el contratista tuviera 1 traílla.

***Nota.* Considerar la resistencia a la aceleración siempre que las traíllas comienzan a moverse hasta alcanzar su velocidad máxima.**

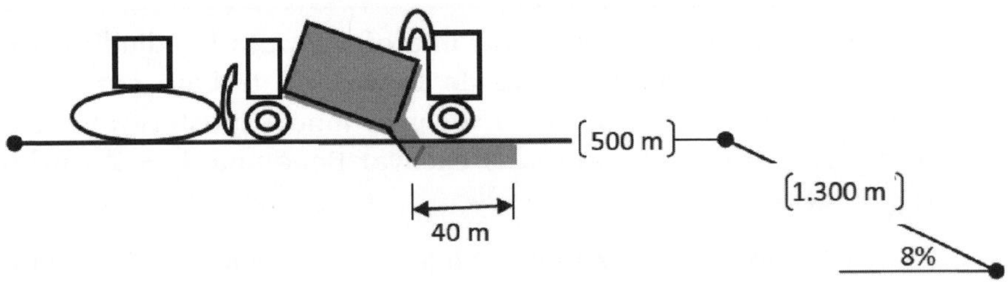

Figura 13.1
Esquema de trabajo y recorrido

A partir de las condiciones del enunciado, se calcula en primer lugar el volumen de material que entra en la caja de la traílla.

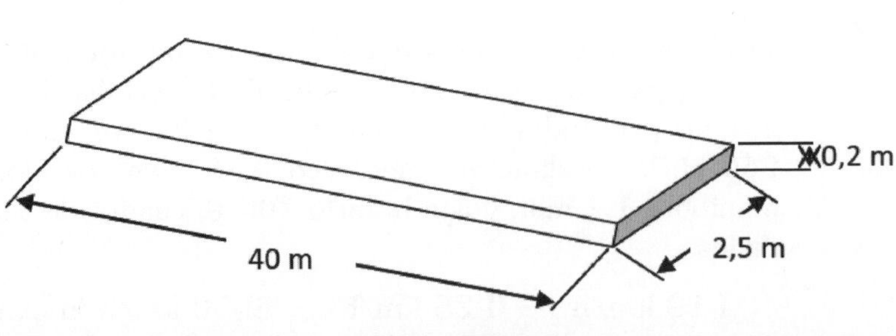

Figura 13.2
Dimensiones del rulo de material a cargar en la traílla

$$40 \text{ m} \cdot 2{,}5 \text{ m} \cdot 0{,}20 \text{ m} = 20 \text{ m}^3 B.$$

El valor obtenido, nos indica, que la traílla puede colmar su capacidad sin necesidad de introducir al máximo la cuchilla en el terreno.

El peso del material que cargará la traílla será:

$$F_W = \frac{V_B}{V_S} = \frac{d_S}{d_B} \quad \Rightarrow \quad 0{,}85 = \frac{d_S}{2} \quad \Rightarrow \quad d_S = 1{,}7 \text{ t/m}^3 S$$

$$\boxed{M = V_S \cdot d_S = 20 \cdot 1{,}7 = 34 \text{ t}}$$

Se comprobará, a continuación, las velocidades que puede desarrollar la traílla tanto a la ida, como a la vuelta, en los dos tramos diferenciados del recorrido.

La tracción disponible de la traílla en función de las velocidades del cuadro de marchas será:

$$T_D(\text{kg}) = 270 \cdot \frac{\text{Potencia (HP)} \cdot \text{Rd.Transmisión}}{\text{Velocidad (km/h)}}$$

$$T_{D_I} = 270 \cdot \frac{260 \cdot 0{,}8}{10} = 5.616 \text{ kg}$$

$$T_{D_{II}} = 270 \cdot \frac{260 \cdot 0{,}8}{25} = 2.246{,}4 \text{ kg}$$

$$T_{D_{III}} = 270 \cdot \frac{260 \cdot 0{,}8}{50} = 1.123{,}2 \text{ kg}$$

La resistencia a vencer a la ida en cada uno de los tramos será:

$$R_{total}(\text{kg}) = R_R = f_R \cdot W(\text{t}) = 85 \cdot (15 + 34) = 4.165 \text{ kg}$$

(Ida en horizontal)

$$R_{total}(\text{kg}) = R_R - R_P = (f_R \pm 10i) \cdot W(\text{t}) = (85 - 10 \cdot 8) \times (15 + 34) = 245 \text{ kg}$$

(Ida en pendiente)

$$R_{total}(\text{kg}) = R_R - R_P = (f_R \pm 10 \cdot i) \cdot W(\text{t}) = (85 + 10 \cdot 8) \cdot 15 = 2.475 \text{ kg}$$

(Vuelta en pendiente)

$$R_{total}(\text{kg}) = R_R = f_R \cdot W(\text{t}) = 85 \cdot 15 = 1.275 \text{ kg}$$

(Vuelta en horizontal)

Resumiendo, la relación de marchas a utilizar en cada tramo será:

Tabla 13.1

Resumen de las velocidades desarrolladas en la ida y vuelta

Ida horizontal	Ida inclinado	Vuelta inclinado	Vuelta horizontal
I (10 km/h)	III (50 km/h)	I (10 km/h)	II (25 km/h)

Como el problema indica que se debe considerar el efecto de la resistencia a la aceleración cada vez que el vehículo parte del reposo hasta alcanzar su velocidad máxima, se procede a la estimación de los tiempos invertidos en alcanzar esas velocidades y los espacios recorridos.

Tiempo necesario para pasar de 0 a 10 km/h en el tramo horizontal y distancia:

$$R_A(\text{kg}) = T_{D_I} - R_T = 28{,}3 \cdot \frac{W(\text{t}) \cdot v(\text{km/h})}{t(\text{s})} \Rightarrow$$

$$\Rightarrow \quad 5.616 - 4.165 = 28{,}3 \cdot \frac{(15 + 34)(\text{t}) \cdot (10 - 0)(\text{km/h})}{t(\text{s})}$$

$$\boxed{\Rightarrow \quad t = 9{,}56 \text{ s}}$$

La distancia recorrida será:

$$R_A = \frac{W}{9{,}81} \cdot \frac{v_2^2 - v_1^2}{2 \cdot d} = 3{,}93 \cdot W(\mathrm{t}) \cdot \frac{v_2^2(\mathrm{km/h}) - v_1^2(\mathrm{km/h})}{d(\mathrm{m})} \Rightarrow$$

$$\Rightarrow \quad 1.451 = 3{,}93 \cdot 49 \cdot \frac{10^2 - 0^2}{d}$$

$$\boxed{d\ (\mathrm{m}) = 13{,}27\ \mathrm{m}}$$

Tiempo necesario para pasar de 10 a 50 km/h en el tramo inclinado (pasando por 25 km/h):

De 10 km/h a 25 km/h

$$\Rightarrow \quad 2.246{,}4 - 245 = 28{,}3 \cdot \frac{(15 + 34)(\mathrm{t}) \cdot (25 - 10)(\mathrm{km/h})}{t(\mathrm{s})} \Rightarrow$$

$$\boxed{\Rightarrow \quad t = 10{,}39\ \mathrm{s}}$$

La distancia recorrida será:

$$R_A = \frac{W}{9{,}81} \cdot \frac{v_2^2 - v_1^2}{2 \cdot d} = 3{,}93 \cdot W(\mathrm{t}) \times \frac{v_2^2(\mathrm{km/h}) - v_1^2(\mathrm{km/h})}{d(\mathrm{m})} \Rightarrow$$

$$\Rightarrow \quad 2.001{,}4 = 3{,}93 \cdot 49 \cdot \frac{25^2 - 10^2}{d}$$

$$\boxed{d\ (\mathrm{m}) = 50{,}51\ \mathrm{m}}$$

De 25 km/h a 50 km/h

$$\Rightarrow \quad 1.123{,}2 - 245 = 28{,}3 \cdot \frac{(15 + 34)(\mathrm{t}) \cdot (50 - 25)(\mathrm{km/h})}{t(\mathrm{s})} \Rightarrow$$

$$\boxed{\Rightarrow \quad t = 39{,}47\mathrm{s}}$$

La distancia recorrida será:

$$R_A = \frac{W}{9{,}81} \cdot \frac{v_2^2 - v_1^2}{2 \cdot d} = 3{,}93 \cdot W(\text{t}) \cdot \frac{v_2^2(\text{km/h}) - v_1^2(\text{km/h})}{d(\text{m})} \Rightarrow$$

$$\Rightarrow \quad 878{,}2 = 3{,}93 \cdot 4 \cdot \frac{50^2 - 25^2}{d}$$

$$\boxed{d(\text{m}) = 411{,}15 \text{ m}}$$

Los tiempos y distancias empleados para alcanzar las velocidades máximas de retorno serán:

Tiempo necesario para pasar de 0 a 10 km/h en el tramo de pendiente y distancia:

$$R_A(\text{kg}) = T_{D_I} - R_T = 28{,}3 \cdot \frac{W(\text{t}) \cdot v(\text{km/h})}{t(\text{s})} \Rightarrow$$

$$\Rightarrow \quad 5.616 - 2.475 = 28{,}3 \cdot \frac{15(\text{T}) \cdot (10 - 0)(\text{km/h})}{t(\text{s})} \Rightarrow$$

$$\boxed{\Rightarrow \quad t = 1{,}35 \text{ s}}$$

La distancia recorrida será:

$$R_A = \frac{W}{9{,}81} \cdot \frac{v_2^2 - v_1^2}{2d} = 3{,}93 \cdot W(\text{t}) \cdot \frac{v_2^2(\text{km/h}) - v_1^2(\text{km/h})}{d(\text{m})} \Rightarrow$$

$$\Rightarrow \quad 3.141 = 3{,}93 \cdot 15 \cdot \frac{10^2 - 0^2}{d}$$

$$\boxed{d(\text{m}) = 1{,}88 \text{ m}}$$

De 10 km/h a 25 km/h en el tramo horizontal:

$$\Rightarrow \quad 2.246,4 - 1.275 = 28,3 \cdot \frac{15(\text{t}) \cdot (25-10)(\text{km/h})}{t(\text{s})} \quad \Rightarrow$$

$$\boxed{\Rightarrow \quad t = 6,55 \text{ s}}$$

La distancia recorrida será:

$$R_A = \frac{W}{9,81} \cdot \frac{v_2^2 - v_1^2}{2d} = 3,93 \cdot W(\text{t}) \cdot \frac{v_2^2(\text{km/h}) - v_1^2(\text{km/h})}{d(\text{m})} \quad \Rightarrow$$

$$\Rightarrow \quad 971,4 = 3,93 \cdot 15 \cdot \frac{25^2 - 10^2}{d}$$

$$\boxed{d(\text{m}) = 31,86 \text{ m}}$$

Una vez obtenidos estos valores, se procede a obtener el tiempo total de ida y vuelta en el recorrido.

— Tiempo utilizado en la ida en el tramo horizontal

$$t_{IDA} = t_{ACELERACIÓN} + t_{VELOC.\,CTE.} = 9,56 + \frac{(500-13,27)}{10} \cdot \frac{3.600}{1.000} = 184,78 \text{ s}$$

— Tiempo utilizado en la ida en el tramo inclinado

$$t_{IDA} = t_{ACEL.} + t_{VELOC.\,CTE.} = 10,39 + 39,47 + \frac{(1.300 - 50,51 - 411,15)}{50} \cdot \frac{3.600}{1.000} = 110,22 \text{ s}$$

— Tiempo utilizado en la vuelta en el tramo inclinado

$$t_{IDA} = t_{ACELERACIÓN} + t_{VELOC.\,CTE.} = 1,35 + \frac{(1.300 - 1,88)}{10} \cdot \frac{3.600}{1.000} = 468,67 \text{ s}$$

— Tiempo utilizado en la vuelta en el tramo horizontal

$$t_{IDA} = t_{ACELERACIÓN} + t_{VELOC.\,CTE.} = 6,55 + \frac{(500 - 31,86)}{25} \cdot \frac{3.600}{1.000} = 73,96 \text{ s}$$

Resumiendo, el tiempo de ida y vuelta (tiempos variables) de la traílla será:

$$t_{VARIABLES} = t_{IDA+VUELTA} : 184,78 + 110,22 + 468,67 + 73,96 = 837,63 \text{ s}$$

Y el tiempo de ciclo total:

$$t_{\text{CICLO}} = t_{\text{FIJOS}} + t_{\text{VARIABLES}} = t_{\text{CARGA}} + t_{\text{MANIOBRA}} + t_{\text{VARIABLES}}$$

$$t_{CICLO} = \frac{40}{5} \cdot \frac{3.600}{1.000} + 1,2 \cdot 60 + 837,63 = 938,43 \text{ s}$$

a) **Calcular el número de traíllas a utilizar por tractor y el coste de producción**

Para estimar la relación de traíllas que pueden trabajar con el tractor, se analiza la relación de tiempos de ciclo de ambas máquinas. Para ello, es necesario conocer el tiempo de ciclo del tractor.

$$t_{CICLO} = t_{CARGA} + t_{MANIOBRA} = \frac{40}{5} \cdot \frac{3.600}{1.000} + 2,5 \cdot 60 = 178,8 \text{ s}$$

La relación de traíllas por tractor será:

$$\frac{N_1}{T_1} = \frac{N_2}{T_2} \quad \Rightarrow \quad \frac{1}{178,8} = \frac{N_2}{938,43} \quad \Rightarrow \quad N_2 = 5,25 \text{ traíllas}$$

Para completar la respuesta y dado que el enunciado no especifica si se busca máxima producción o mínimo coste, se analizarán ambas situaciones.

Producción con 5 traíllas (cuello de botella las traíllas)

$$P = 5 \cdot \left(20 \text{ m}^3 S \cdot \frac{3.600 \frac{\text{s}}{\text{h}}}{938,43 \text{ seg}} \cdot 0,83 \right) = 318,4 \frac{\text{m}^3 S}{\text{h}}$$

El coste de producción sería:

$$C = \frac{(5 \cdot 100 + 80)\dfrac{€}{\text{h}}}{318{,}4\,\dfrac{\text{m}^3S}{\text{h}}} = 1{,}82\,\frac{€}{\text{m}^3S}$$

Mínimo coste

Producción con 6 traíllas (cuello de botella el tractor)

$$P = 20\ \text{m}^3S \cdot \frac{3.600\ \dfrac{\text{s}}{\text{h}}}{178{,}8\ \text{seg}} \cdot 0{,}83 = 334{,}23\,\frac{\text{m}^3S}{\text{h}}$$

Máxima producción

El coste de producción, en este caso, sería:

$$C = \frac{(6 \cdot 100 + 80)\dfrac{€}{\text{h}}}{334{,}23\,\dfrac{\text{m}^3S}{\text{h}}} = 2{,}03\,\frac{€}{\text{m}^3S}$$

b) **Producción y coste si el contratista tuviera 1 traílla**

En este caso el cuello de botella es la traílla y, por lo tanto, la producción y el coste serán:

$$P = 20\ \text{m}^3S \cdot \frac{3.600\ \dfrac{\text{s}}{\text{h}}}{938{,}43\ \text{s}} \cdot 0{,}83 = 63{,}68\,\frac{\text{m}^3S}{\text{h}}$$

$$C == \frac{(100 + 80)\dfrac{€}{\text{h}}}{63{,}68\,\dfrac{\text{m}^3S}{\text{h}}} = 2{,}82\,\frac{€}{\text{m}^3S}$$

Problema 14

Rendimiento de excavadora mediante tablas de producción

Se pretende excavar un banco de 28.000 m^3 de arcilla húmeda ligera (densidad en banco 2) de 7 m de altura en 3 estratos aproximadamente iguales, en un plazo de 10 días a dos turnos y con horas útiles de 45 min.

Analizado el lugar se decide que los *dumpers* se sitúen junto a la excavadora en su posición mas favorable que es de 90° ambos en la plataforma superior, siendo además el factor de organización de la obra de 0,78.

Se pide:

a) Justificar la capacidad mínima de la cuchara para obtener la producción requerida.

La carga se realizará en camiones de peso propio 8 t y capacidad de la caja 12 m^3 que reparten su peso 2/3 a las ruedas motrices y 1/3 a las directrices, con una potencia de 200 HP y un rendimiento mecánico del 90%.

Los camiones circulan por un tramo AB de características: resistencia a la rodadura 60 kg/t, pendiente 0% y coeficiente de tracción 0,3, para a continuación ascender por el tramo BC de características: resistencia a la rodadura 100 kg/t, pendiente 5% y coeficiente de tracción 0,6. Se pide

b) Calcular el tiempo necesario para pasar de 12 a 25 km/h en el tramo AB.

c) ¿Qué velocidad máxima es capaz de desarrollar en el tramo BC y que distancia recorre hasta alcanzarla si comienza a subir la rampa a 30 km/h?

El problema se estructura en dos partes claramente diferenciadas. En la primera de ellas se debe analizar la capacidad de producción de una excavadora, mientras que en la segunda, el enunciado describe un análisis relacionado con la resistencia a la aceleración.

Comenzando con la primera parte, el esquema de trabajo sería:

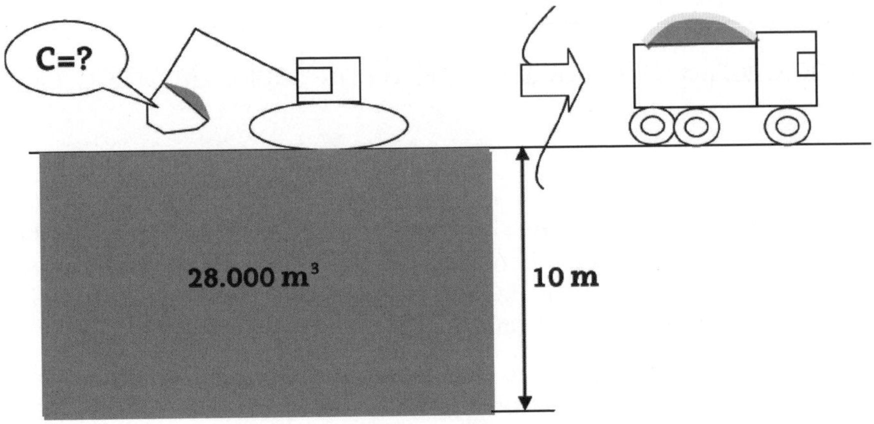

Figura 14.1
Esquema de trabajo descrito

En primer lugar, a partir de los datos del enunciado. Se puede estimar la producción objetivo a alcanzar para cumplir el plazo de finalización.

$$P_{OBJETIVO} = \frac{28.000\ \text{m}^3 B}{10\ \text{días} \cdot 16\ \dfrac{\text{horas}}{\text{día}}} = 175\ \frac{\text{m}^3 B}{\text{h}}$$

Con este dato y la ayuda de las tablas de producciones estándares, se busca un intervalo que abarque el mismo.

En este caso, el material es arcilla húmeda ligera y la producción objetivo 175 $\text{m}^3 B$/h, con lo que se tomará como intervalo.

Tabla 14.1

Valores de P (m^3/h); *in situ:* en banco; excavada: material suelto

Capacidad nominal del cazo		0,55	0,70	1,12	1,50	1,90	2,25	2,60	3,00
Arcilla húmeda ligera	*In situ*	101	124	177	234	271	306	342	378
	Excavada	132	162	230	306	350	399	443	489
Arena, grava	*In situ*	93	118	169	226	259	298	333	364
	Excavada	105	133	190	255	293	338	378	414
Tierra común	*In situ*	80	101	150	200	213	261	302	329
	Excavada	94	120	180	239	285	311	359	391
Arcilla tenaz	*In situ*	61	77	110	150	182	217	244	266
	Excavada	92	116	164	223	275	325	364	399
Arcilla húmeda pegajosa	*In situ*	47	63	89	121	150	170	201	226
	Excavada	65	89	128	172	213	239	297	325
Roca bien partida	*In situ*	57	81	116	146	177	214	230	253
	Excavada	90	126	180	230	277	315	355	396
Escombros comunes con piedras y raíces	*In situ*	53	65	93	132	149	177	200	217
	Excavada	93	116	177	215	262	311	351	382
Roca mal partida	*In situ*	33	52	77	105	129	142	186	222
	Excavada	67	96	154	209	257	285	372	443

Fuente: P.C.S.A.

— Carrera de ataque óptima.
— Giro de 90°.
— Excavación sin pérdida de tiempo para desplazamientos de la máquina.
— Hora de trabajo = 50 minutos (factor de eficiencia horaria: f_h).
— Rendimiento general de la obra = 0,80 (factor de organización: f_m).

En principio, estimamos que la capacidad de la cuchara puede estar entre 0,7 m^3 y 1,12 m^3.

El factor de llenado para este intervalo de cazo y tipo de material, sería f_{LL} = 1,15 (ambos igual) según se observa en la siguiente tabla:

Tabla 14.2

Factor de llenado f_{LL}

Capacidad nominal del cazo		m^3	0,55	0,70	1,12	1,50	1,90	2,25	2,60	3
Designación del terreno		Coeficiente de esponjamiento	Factor f_{LL}							
Excavación fácil	Arcilla húmeda o arenosa ligera	1,30	1,15	1,15	1,15	1,16	1,16	1,16	1,20	1,22
	Arena y Grava	1,13	0,93	0,93	0,96	0,96	0,96	0,98	1,02	1,02
Excavación mediana	Tierra común compacta virgen	1,19	1,00	1,00	1,00	1,04	1,04	1,04	1,06	1,06
Excavación dura	Arcilla dura y tenaz	1,49	1,10	1,10	1,10	1,12	1,12	1,12	1,16	1,17
	Arcilla húmeda pegajosa	1,43	1,10	1,10	1,10	1,12	1,12	1,12	1,16	1,17
Carga	Roca muy bien partida	1,56	0,80	0,89	0,90	0,91	0,94	1,00	1,02	1,02
	Escombros comunes con piedra y raíces	1,75	0,87	0,87	0,87	0,90	0,90	0,95	0,96	0,96
	Roca mal partida	2,00	0,58	0,75	0,78	0,83	0,85	0,91	1,05	1,14

Fuente: P.C.S.A.

A continuación se procede a obtener el valor de la carrera de ataque óptima para estos cazos con la ayuda de la siguiente tabla:

Tabla 14.3

Carrera de ataque óptima

Capacidad nominal del cazo	m^3	0,55	0,70	1,12	1,50	1,90	2,25	2,60	3,0	3,6
Arcilla húmeda o arenosa ligera	m	1,50	1,80	2,15	2,35	2,55	2,66	2,75	2,8	3,2
Arena o grava	m	1,50	1,80	2,15	2,35	2,55	2,66	2,75	2,8	3,2
Tierra común	m	2,05	2,35	2,80	3,10	3,40	3,55	3,65	3,7	4,1
Arcilla dura y tenaz	m	2,40	2,70	3,30	3,70	4,00	4,25	4,40	4,6	5,0
Arcilla húmeda pegajosa	m	2,40	2,70	3,30	3,70	4,00	4,25	4,40	4,6	5,0

Fuente: P.C.S.A.

Se observa que para el cazo de 0,7 m^3 la carrera de ataque óptima es 1,8 m y para el de 1,12 m^3 es de 2,15 m.

Por otra parte, el enunciado especifica que los 7 metros de excavación se realizarán en 3 estratos aproximadamente iguales, con lo que la altura de cada estrato será:

$$H = \frac{7}{3} = 2{,}33 \text{ m}$$

A partir de estos valores y con las condiciones de maniobra del enunciado, la relación H/L de cada caso será:

$$f_G = 90° \text{ (enunciado)}$$

Para el cazo de 0,7 m^3

$$f_{\frac{H}{L}} = \frac{2{,}33}{1{,}8} = 1{,}29 = 129\ \%$$

Y para el cazo de 1,12 m^3

$$f_{\frac{H}{L}} = \frac{2{,}33}{2{,}15} = 1{,}08 = 108\ \%$$

Con estos valores, e interpolando en la tabla correspondiente (a continuación) se obtienen los productos de $f_G \cdot f_{H/L}$:

Tabla 14.4

Producto $f_G \cdot f_{H/L}$, para diferentes carreras y ángulos de giro

H/L carrera (en %) de la óptima	Giro (en grados)						
	45	60	75	90	120	150	180
40	0,93	0,89	0,85	0,80	0,72	0,65	0,59
60	1,10	1,03	0,96	0,91	0,81	0,73	0,66
80	1,22	1,12	1,04	0,98	0,86	0,77	0,69
100	1,26	1,16	1,07	1,00	0,88	0,79	0,71
120	1,20	1,11	1,03	0,97	0,86	0,77	0,70
140	1,12	1,04	0,97	0,91	0,81	0,73	0,66
160	1,03	0,96	0,90	0,85	0,75	0,67	0,62

Fuente: P.C.S.A.

Y el valor del producto $f_G \cdot f_{H/L}$ será:

$$f_{G=90} \cdot f_{\frac{H}{L}=129\%} \Rightarrow \frac{0,97-0,91}{140-120} = \frac{\left(f_{G=90} \cdot f_{\frac{H}{L}=129\%}\right)-0,91}{129-120} \Rightarrow f_{G=90} \cdot f_{\frac{H}{L}=129\%} = 0,937$$

$$f_{G=90} \cdot f_{\frac{H}{L}=108\%} \Rightarrow \frac{1-0,97}{120-100} = \frac{1-\left(f_{G=90} \cdot f_{\frac{H}{L}=108\%}\right)}{108-100} \Rightarrow f_{G=90} \cdot f_{\frac{H}{L}=108\%} = 0,988$$

Con lo que la producción corregida (para el cazo de 0,7 m³) según los factores anteriores será:

$$P_{0,7} = 124 \cdot \frac{1,15}{1} \cdot \frac{0,937}{1} \cdot \frac{\left(\frac{45}{60}\right)}{0,83} \cdot \frac{0,78}{0,8} = 117,72\ \frac{\mathrm{m}^3 B}{\mathrm{h}}$$

Y para el cazo de 1,12 m^3

$$P_{1,12} = 177 \cdot \frac{1,15}{1} \cdot \frac{0,988}{1} \cdot \frac{\left(\frac{45}{60}\right)}{0,83} \cdot \frac{0,78}{0,8} = 177,18 \, \frac{m^3B}{h}$$

a) **Justificar la capacidad mínima de la cuchara para obtener la producción requerida**

Como la producción mínima exigida para poder cumplir el plazo era de 175 m^3*B*/h y, según se desprende de los valores resultantes, la producción que se obtiene, según las condiciones y material del problema, es de 177,18 m^3*B*/h. La respuesta sería CAZO DE 1,12 m^3.

Una vez decidido el tamaño del cazo a utilizar y como se ha comentado al principio, el enunciado plantea una segunda fase de análisis relacionada con el movimiento que realiza el camión que carga el material. Este análisis se basa en el estudio de la resistencia a la aceleración durante el acarreo.

El esquema del recorrido que realiza el camión lo podemos representar como sigue:

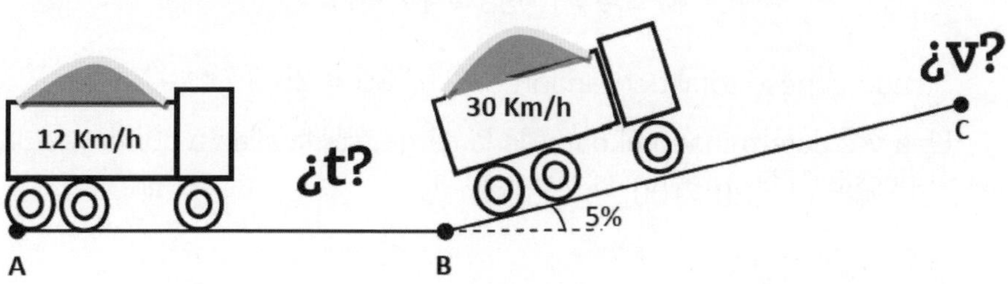

Figura 14.2
Resistencia a la aceleración de los camiones

Como el camión realiza el movimiento una vez ha sido cargado por la excavadora, se procede en primer lugar a calcular el peso de la carga que se transporta.

Se puede observar en tablas, que el factor de esponjamiento del material (arcilla húmeda ligera) es F_W = 1,3. Como el enunciado especifica que la densidad en banco del material es 2 T/m³B, la densidad suelta del material será:

$$F_W = \frac{V_S}{V_B} = \frac{d_B}{d_S} \quad \Rightarrow \quad 1{,}3 = \frac{2}{d_S} \quad \Rightarrow \quad d_S = 1{,}54 \text{ t/m}^3 S$$

La carga que transporta el camión será un múltiplo del número de paladas que pueden entrar en la caja del camión, es decir:

Carga en toneladas de cada palada de la excavadora:

$$M = (V_S \cdot f_{LL}) \cdot d_S = (1{,}12 \cdot 1{,}15) \cdot 1{,}54 = 1{,}983 \frac{\text{t}}{\text{palada}}$$

Número de paladas por camión:

$$F_W = \frac{12 \text{ m}^3 S}{1{,}12 \times 1{,}15 \frac{\text{m}^3 S}{\text{palada}}} = 9{,}31 \text{ paladas} \quad \Rightarrow \quad 9 \text{ paladas}$$

Por tanto el peso de la carga que transporta el camión será:

$$M = 9 \cdot 1{,}983 = 17{,}85 \text{ t.}$$

Siendo el peso total del camión 8 + 17,85 = 25,85 t.

Una vez determinado el dato de la carga, se detallan a continuación las respuestas a las preguntas planteadas.

b) Tiempo necesario y la distancia recorrida para pasar de 12 a 25 km/h en el tramo AB

El vehículo podrá desplazarse siempre que se cumplan las condiciones de la ecuación del movimiento, es decir:

$$R_T \leq T_D \leq T_U.$$

Siendo:

$$R_T(\text{kg}) = R_R(\text{kg}) = f_R(\text{kg/t}) \cdot W(\text{t}) = 60 \cdot 25{,}85 = 1.551 \text{ kg}$$

$$T_D(\text{kg}) = 270 \cdot \frac{\text{Potencia (HP)} \cdot \text{Rd.Transmisión}}{\text{Velocidad (km/h)}} = 270 \cdot \frac{200 \cdot 0{,}9}{12} = 4.050 \text{ kg}$$

$$T_U(\text{kg}) = W_D(\text{kg}) \cdot f_T(\text{en \%}) = \frac{2}{3} \cdot 25.850 \text{ kg} \cdot 0{,}3 = 5.170 \text{ kg}$$

Por tanto:

$$1.551 \text{ kg} \leq 4.050 \leq 5.170 \text{ kg.}$$

A la vista de los valores obtenidos el camión tiene margen para aumentar o disminuir su velocidad. El exceso de fuerza del motor para, en este caso, aumentar su velocidad, será:

$$4.050 - 1.551 = 2.499 \text{ kg.}$$

Representando gráficamente los valores obtenidos:

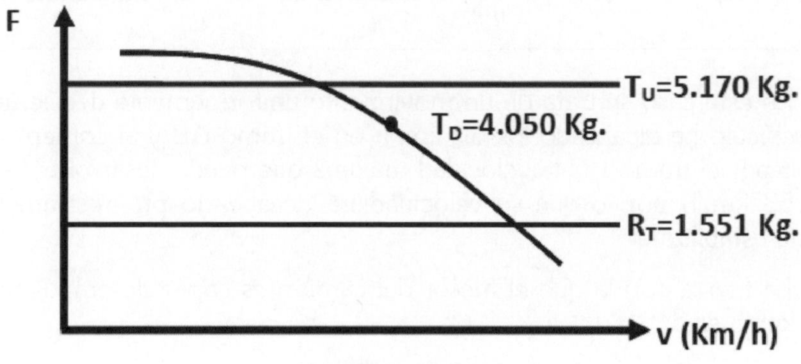

Figura 14.3
Representación gráfica de R_T, T_D y T_U

Aplicando entonces la fórmula de la resistencia a la aceleración

$$R_A(\text{kg}) = 28{,}3 \cdot \frac{W(\text{t}) \cdot v(\text{km/h})}{t(\text{s})} \Rightarrow 2.499 = 28{,}3 \cdot \frac{25{,}85 \cdot (25-12)}{t} \Rightarrow t = 3{,}81 \text{ s}$$

c) **¿Qué velocidad máxima es capaz de desarrollar en el tramo BC y que distancia recorre hasta alcanzarla si comienza a subir la rampa a 30 km/h?**

En este tramo las características del terreno (f_R, f_T y pendiente) modifican las condiciones del movimiento, por lo que en primer lugar se debe calcular cuáles son estos nuevos valores.

$$R_{total}(\text{kg}) = R_R + R_P = (f_R \pm 10 \cdot i) \cdot W(\text{t}) = (100 + 10 \cdot 5) \cdot 25{,}85 = 3.877{,}5 \text{ kg}$$

$$T_U(\text{kg}) = W_D(\text{kg}) \cdot f_T(\text{en } \%) = \frac{2}{3} \cdot 25.850 \text{ kg} \cdot 0{,}6 = 10.340 \text{ kg}$$

Analizando estos valores se observa que el terreno ofrece las condiciones adecuadas para que se pueda producir el movimiento del vehículo.

El máximo de velocidad posible se producirá cuando se cumpla la condición $T_D = R_T$.

$$T_D = R_T \quad \Rightarrow \quad 270 \cdot \frac{200 \cdot 0{,}9}{v} = 3.877{,}5 \text{ kg} \quad \Rightarrow \quad v = 12{,}53 \text{ km/h}$$

En este caso se trata de un movimiento uniformemente decelerado, el vehículo ha alcanzado los 30 km/h en el tramo AB y al comenzar a subir por el tramo BC la velocidad máxima que puede desarrollar es de 12,53 km/h por lo que su velocidad irá decayendo progresivamente hasta estabilizarse.

La fuerza con la que el motor del camión es capaz de empujarlo a 30 km/h será

$$T_D = 270 \cdot \frac{200 \cdot 0{,}9}{30} = 1.620 \text{ kg}$$

Como se ha calculado en el punto anterior, la resistencia al movimiento en el tramo inclinado es de 3.877,5 kg, por lo que la falta de fuerza que tiene el motor para poder mantener los 30 km/h será:

$$1.620 \text{ kg.} - 3.877{,}5 \text{ kg.} = -2.257{,}5 \text{ kg.}$$

Partiendo de la ecuación de la resistencia a la aceleración

$$R_A(\text{kg}) = 28,3 \times \frac{W(\text{t}) \cdot v(\text{km/h})}{t(\text{s})} \Rightarrow -2.257,5 = 28,3 \cdot \frac{25,85 \cdot (12,53 - 30)}{t}$$

$$\boxed{\Rightarrow \quad t = 5,66 \text{ s}}$$

Que será el tiempo necesario para cambiar de 30 a 12,53 km/h en esas condiciones.

La distancia recorrida en este tiempo será

$$R_A = \frac{W}{9,81} \cdot \frac{v_2^2 - v_1^2}{2d} = 3,93 \cdot W(\text{t}) \times \frac{v_2^2(\text{km/h}) - v_1^2(\text{km/h})}{d(\text{m})} \quad \Rightarrow$$

$$\Rightarrow \quad 2.257,5 = 3,93 \cdot 25,85 \cdot \frac{30^2 - 12,53^2}{d}$$

$$\boxed{d(\text{m}) = 33,43 \text{ m}}$$

Problema 15

Rendimiento de excavadora mediante fórmula de la producción

Se pretende excavar una zanja en un terreno de arcilla dura (densidad suelta 1,5) con una retroexcavadora según catálogo. La zanja tiene 2 metros de profundidad y 1,2 m de ancho y se estima una resistencia al corte del terreno de 1,4 kg/cm^2.

Se tomará como fuerza de excavación del brazo el 40% de la fuerza indicada en el catálogo como medida de precaución. Para la elección de la cuchara se considera suficiente un ancho del 90% de la dimensión final de la zanja.

El tiempo que emplea la retroexcavadora en trasladarse una pequeña distancia es de 50 s.

El alquiler de la retroexcavadora con operario cuesta 100 €/hora.

Los camiones que van a vertedero tienen 10,5 m^3 de capacidad y tardan en posicionarse a 75° de la excavadora 1 minuto. Una vez cargados se estima que necesitan 15 minutos para desplazarse a vertedero, descargar y regresar.

Si consideramos una eficiencia horaria de 50 minutos y un factor de organización de la obra de 1 se pide:

a) Justificar la producción a obtener en m^3*B*/h y coste del metro lineal de zanja.

b) N.° de camiones necesarios para que haya acarreo continuo.

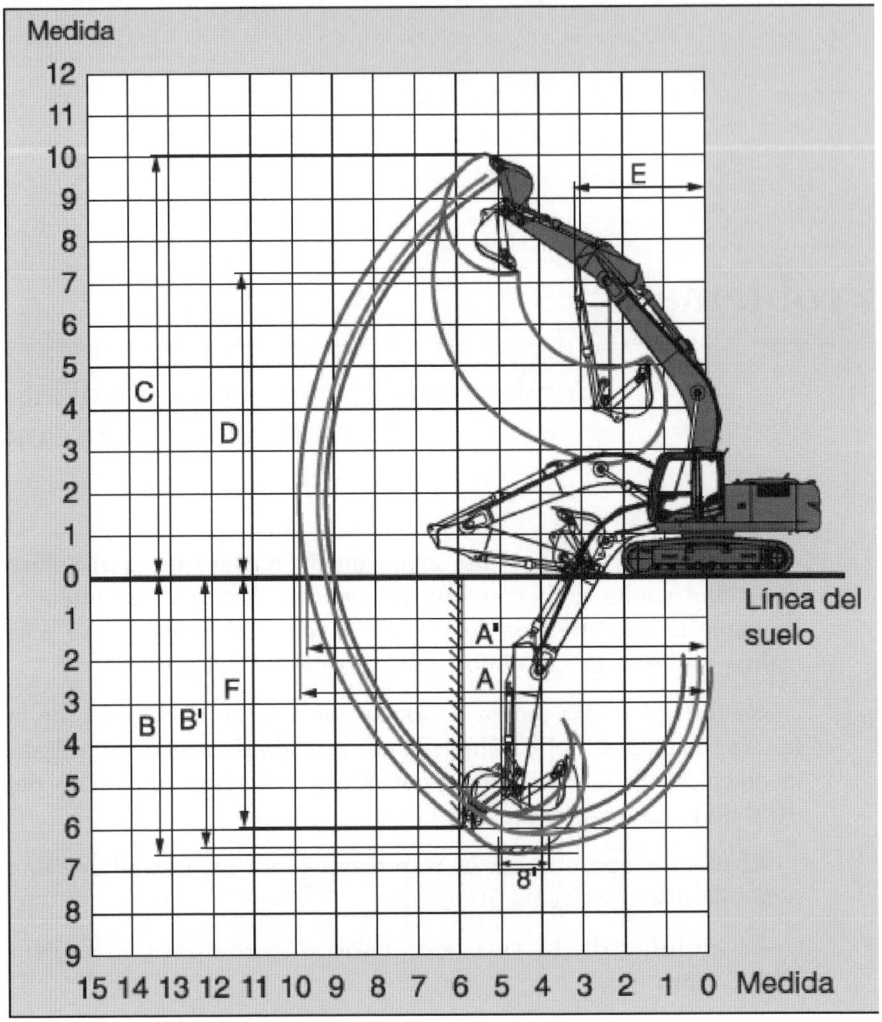

Fuente: Hitachi. http://www.hjm.eu

Figura 15.1

Gráfico de alcances

Tabla 15.1
Brazos

	ZX 210-3/ZX210LC-3/ZX210LCN-3		
	Aguilón monobloque de 5,68 m		
Longitud del brazo	2,03 m	2,42 m	2,91 m
Fuerza de excavación de la cuchara (SAE: PCSA)	129 kN (13.200 kgf)		
Fuerza de empuje del brazo (SAE: PCSA)	134 kN (13.700 kgf)	124 kN (12.700 kgf)	102 kN (10.400 kgf)

Fuente: Hitachi http://www.hjm.eu

Tabla 15.2
Capacidades de cazo

Cucharas	
Capacidad PCSA, SAE acumulado	Anchura sin cortadores laterales
0,56 m³	700 mm
0,68 m³	800 mm
0,80 m³	1.030 mm
0,90 m³	1.000 mm
1,02 m³	1.100 mm
1,13 m³	1.200 mm
1,25 m³	1.300 mm

Fuente: Hitachi http://www.hjm.eu

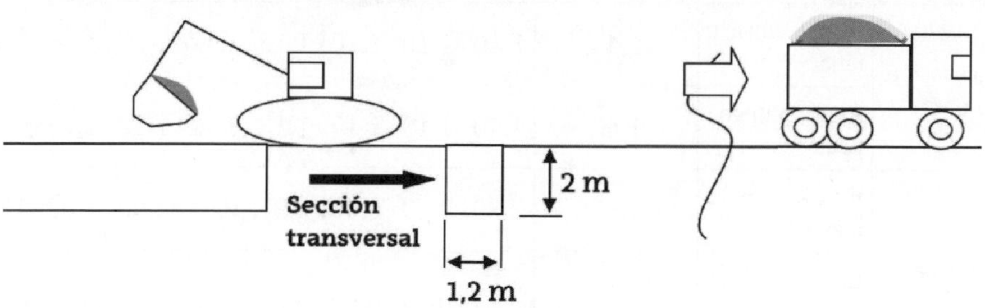

Figura 15.2
Esquema de trabajo planteado

En primer lugar, se comenzará por elegir la cuchara que mejor se adapte a las dimensiones de la zanja. Para ello, el enunciado indica que el ancho de la cuchara debe de ser aproximadamente el 90% de la dimensión final que tendrá el corte deseado. Por lo tanto:

$$\text{Ancho de cuchara} = 0{,}9 \cdot 1{,}2 \text{ m} = 1{,}08 \text{ m}.$$

La cuchara que más se acerca a dicha medida según el catálogo proporcionado es la de 1,1 m (ello llevará a un ancho de la zanja algo mayor que el 1,2 esperado, no obstante, dado que la variación es pequeña, se estimará que la dimensión final son los 1,2 m).

Se observa también, que la capacidad de este cazo es de 1,02 m^3S. Esta capacidad debe ser corregida según el factor de llenado del material, que en este caso es:

Tabla 15.3

Factor de llenado f_{LL}

Capacidad nominal del cazo		m^3	0,55	0,70	1,12	1,50	1,90	2,25	2,60	3
Designación del terreno		Coeficiente de esponjamiento	Factor f_{LL}							
Excavación fácil	Arcilla húmeda o arenosa ligera	1,30	1,15	1,15	1,15	1,16	1,16	1,16	1,20	1,22
	Arena y Grava	1,13	0,93	0,93	0,96	0,96	0,96	0,98	1,02	1,02
Excavación mediana	Tierra común compacta virgen	1,19	1,00	1,00	1,00	1,04	1,04	1,04	1,06	1,06
Excavación dura	Arcilla dura y tenaz	1,49	1,10	1,10	1,10	1,12	1,12	1,12	1,16	1,17
	Arcilla húmeda pegajosa	1,43	1,10	1,10	1,10	1,12	1,12	1,12	1,16	1,17
Carga	Roca muy bien partida	1,56	0,80	0,89	0,90	0,91	0,94	1,00	1,02	1,02
	Escombros comunes con piedra y raíces	1,75	0,87	0,87	0,87	0,90	0,90	0,95	0,96	0,96

Fuente: P.C.S.A.

Por lo que la capacidad total de la cuchara será:

$$\text{Capacidad} = C \cdot f_{LL} = 1{,}02 \cdot 1{,}1 = 1{,}122 \text{ m}^3 S.$$

En tablas se puede observar que el factor de esponjamiento del material es 1,49 por lo que el volumen en banco equivalente será:

$$\frac{1{,}122}{1{,}49} = 0{,}753 \text{ m}^3 B$$

Las dimensiones del terreno que puede llenar la cuchara serán:

$$1{,}2 \cdot 2 \cdot e = 0{,}753 \text{ m}^3 \text{ B} \quad \Rightarrow \quad e = 0{,}313 \text{ m} = 31{,}3 \text{ cm.}$$

Para este espesor, la fuerza de excavación necesaria que la máquina debe de desarrollar será:

$$\text{Fuerza excavación} = 1.200 \cdot 31{,}3 \cdot 1{,}4 = 5.258{,}4 \text{ kg.}$$

Como el enunciado especifica que la fuerza de excavación debe de ser el 40% de la fuerza especificada (de empuje), ello quiere decir:

$$\text{Fuerza empuje} = \frac{5.258{,}4}{0{,}4} = 13.146 \text{ kg}$$

Se elige por tanto, el brazo de 2,03 m de longitud.

Se procede a continuación a obtener el resto de parámetros necesarios de las tablas correspondientes.

En primer lugar, se procede a obtener el tiempo de ciclo correspondiente al tamaño de la cuchara y tipo de material. En este caso, el tiempo de ciclo será de 20 segundos tal y como se observa en la siguiente tabla:

Tabla 15.4

Duración del ciclo de trabajo
(ángulo de giro: 90° y altura óptima de corte)

Capacidad nominal de la cuchara	m^3	0,55	0,7	0,9	1	1,2	1,7	2,6	3,6
Arcilla húmeda o arenosa ligera	s	12	12	14	14	14	16	18	23
Arena o grava	s	12	12	14	14	14	16	18	23
Tierra común	s	15	15	16	16	16	18	20	25
Arcilla dura y tenaz	s	18	18	20	20	20	22	24	25
Arcilla húmeda pegajosa	s	21	21	24	24	24	25	27	32
Roca muy bien troceada, fácil de recoger	s	12	12	14	14	14	16	18	23

Antes de estimar el valor de la relación $f_G \cdot f_{H/L}$ se debe calcular el valor de la carrera de ataque óptima (L).

Para ello buscando en tablas

Tabla 15.5

Carrera de ataque óptima

Capacidad nominal del cazo	m^3	0,55	0,70	1,12	1,50	1,90	2,25	2,60	3	3,6
Arcilla húmeda o arenosa ligera	m	1,50	1,80	2,15	2,35	2,55	2,66	2,75	2,8	3,2
Arena o grava	m	1,50	1,80	2,15	2,35	2,55	2,66	2,75	2,8	3,2
Tierra común	m	2,05	2,35	2,80	3,10	3,40	3,55	3,65	3,7	4,1
Arcilla dura y tenaz	m	2,40	2,70	3,30	3,70	4,00	4,25	4,40	4,6	5,0
Arcilla húmeda pegajosa	m	2,40	2,70	3,30	3,70	4,00	4,25	4,40	4,6	5,0

Fuente: P.C.S.A.

Interpolando:

$$\frac{3,3-2,7}{1,12-0,72}=\frac{L-2,7}{1,02-0,72} \quad \Rightarrow \quad L=3,15$$

Entonces, con las condiciones de maniobra del enunciado y la relación H/L:

$$f_G = 75° \text{ (enunciado)}$$

$$f_{\frac{H}{L}} = \frac{2}{3{,}15} = 0{,}63 = 63\ \%$$

Y el valor del producto $f_G \cdot f_{H/L}$ será:

Tabla 15.6

Producto $f_G \cdot f_{H/L}$, para diferentes carreras y ángulos de giro

H/L carrera (en %) de la óptima	GIRO (EN GRADOS)						
	45	60	75	90	120	150	180
40	0,93	0,89	0,85	0,80	0,72	0,65	0,59
60	1,10	1,03	0,96	0,91	0,81	0,73	0,66
80	1,22	1,12	1,04	0,98	0,86	0,77	0,69
100	1,26	1,16	1,07	1,00	0,88	0,79	0,71
120	1,20	1,11	1,03	0,97	0,86	0,77	0,70
140	1,12	1,04	0,97	0,91	0,81	0,73	0,66
160	1,03	0,96	0,90	0,85	0,75	0,67	0,62

Fuente: P.C.S.A.

$$\frac{1{,}04 - 0{,}96}{80 - 60} = \frac{\left(f_{G=75} \cdot f_{\frac{H}{L}=63\%}\right) - 0{,}96}{63 - 60} \quad \Rightarrow \quad f_{G=75} \cdot f_{\frac{H}{L}=63\%} = 0{,}972$$

Como parte final debemos corregir el tiempo de ciclo en función de los desplazamientos. Para ello, estimamos el alcance de trabajo de la máquina en posición estática.

El alcance del brazo 3 es de 6,5 m desde el borde de la excavadora, por lo tanto, el número de cucharadas que puede realizar será:

$$\frac{6,5}{0,313} = 20,77 \quad \Rightarrow \quad \text{n.º paladas} = 20$$

Por lo que el tiempo de ciclo corregido será:

$$\frac{20}{0,972} + \frac{50}{20} = 23,07 \text{ s}$$

a) **Justificar la producción a obtener en m³*B*/h y coste del metro lineal de zanja**

A partir de los valores obtenidos, la producción de la excavadora será:

$$P = 1,02 \cdot 1,1 \cdot \frac{3.600}{23,07} \cdot \frac{50}{60} \times 1 = 145,9 \frac{\text{m}^3 S}{\text{h}}$$

Como el factor de esponjamiento del material es 1,49 la producción en $\text{m}^3 B$ será:

$$\boxed{\frac{145,9}{1,49} = 97,92 \frac{\text{m}^3 B}{\text{h}}}$$

Operando para obtener el coste del metro lineal de zanja, se obtiene:

$$2 \cdot 1,2 \cdot L(\text{m}) = 97,92 \frac{\text{m}^3 B}{\text{h}}$$

$$L = 40,8 \frac{\text{mL}}{\text{h}}$$

$$\boxed{\frac{100 \frac{€}{\text{h}}}{40,8 \frac{\text{mL}}{\text{h}}} = 2,45 \frac{€}{\text{mL}}}$$

b) **N.º de camiones necesarios para que haya acarreo continuo**

Para estimar el tiempo de carga de cada camión se debe conocer el número de cucharadas necesarias para llenarlo:

$$\frac{10{,}5\ \mathrm{m^3}S}{(1{,}02 \cdot 1{,}1)\ \mathrm{m^3}S} = 9{,}35 \text{ cucharadas} \quad \Rightarrow \quad 9 \text{ cucharadas}$$

El tiempo de ciclo medio necesario para esas 9 cucharadas será:

$$9 \text{ cucharadas} \cdot 23{,}07\ \mathrm{s} = 207{,}63\ \mathrm{s} \quad \Rightarrow \quad 3{,}46 \text{ min.}$$

El tiempo de ciclo del *dumper* es:

$$t_{\mathrm{CICLO}} = t_{\mathrm{FIJOS}} + t_{\mathrm{VARIABLES}} = t_{\mathrm{CARGA}} + t_{\mathrm{MANIOBRA}} + t_{\mathrm{VARIABLES}}$$

$$t_{\mathrm{CICLO}} = 3{,}46 + 1 + 15 = 19{,}46 \text{ min.}$$

Con lo que la producción horaria de un *dumper* es:

$$P = 9 \cdot (1{,}02 \cdot 1{,}1) \cdot \frac{60}{19{,}46} \cdot \frac{50}{60} = 25{,}95\ \frac{\mathrm{m^3}S}{\mathrm{h}}$$

Y el número de camiones necesarios:

$$\frac{145{,}9}{25{,}95} = 5{,}2 \quad \Rightarrow \quad \text{Acarreo continuo} = 6 \text{ camiones}$$

Problema 16

Nivelación y compactación

Se va a realizar el extendido nivelación y compactación de 28.000 m^3 de arcilla húmeda ligera pretendiendo terminar el trabajo en 4 días trabajando a 2 turnos, con horas útiles de 45 min.

Los camiones que suministran el material son de 18 m^3, la máquina niveladora extiende camión por camión, en tongadas de ancho 3 m y espesor 30 cm, siendo necesarias 3 pasadas sin considerar el retorno. La velocidad de trabajo de la motoniveladora es de 5 km/h y la velocidad de retroceso 10 km/h. El tiempo de maniobras es de 4 s.

Para la compactación se utiliza un rodillo vibratorio de 15 t y 2,5 m de anchura, siendo necesarias 6 pasadas realizadas a velocidad de 4 km/h. La compactación tiene un coeficiente de solape de 0,9.

Calcular cuantas motoniveladoras y rodillos vibratorios se necesitan.

La secuencia de operaciones que se van a realizar, según indica el enunciado, comienza con el extendido, realizado por las motoniveladoras, del terreno que depositan sobre la traza los camiones

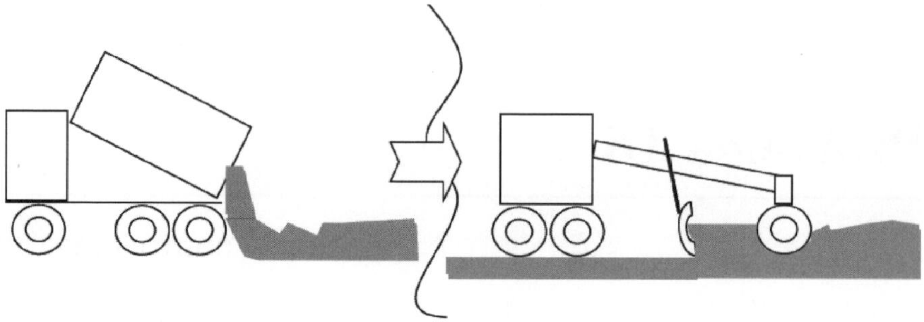

Figura 16.1
Operación de descarga y extendido (camión por camión)

Cada camión transporta 18 m^3 de material que son extendidos en tongadas de 3 m de ancho y 30 cm de espesor. Por lo tanto, a partir de estos datos se debe calcular la longitud de dicha tongada.

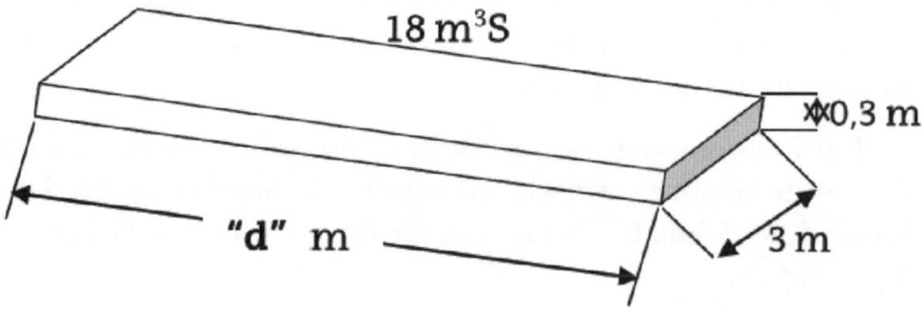

Figura 16.2
Dimensiones de la tongada preparada por la niveladora

Operando:

$$18 \text{ m}^3\text{S} = 3 \cdot 0{,}3 \cdot d \quad \Rightarrow \quad d = 20 \text{ m}.$$

Para dejar la tongada en condiciones la niveladora debe realizar 3 pasadas sobre el material, según las velocidades indicadas y, además, en cada pasada se invierte un tiempo de maniobra de 4 s. Por lo tanto, el tiempo del ciclo de trabajo será:

$$t_{CICLO} = 3 \cdot \left[\left(\frac{20}{5} + \frac{20}{10} \right) \cdot \frac{3.600}{1.000} + 4 \right] = 76{,}8 \text{ s}$$

Con este tiempo de ciclo, la producción que puede realizar una traílla será:

$$P = 18 \text{ m}^3S \cdot \frac{3.600 \frac{\text{s}}{\text{h}}}{76{,}8 \text{ s}} \cdot \frac{45}{60} = 632{,}81 \frac{\text{m}^3S}{\text{h}}$$

Para saber el número de motoniveladoras que serán necesarios, el enunciado nos proporciona la cantidad de material y el plazo para su finalización, con lo que nos marca la producción mínima a conseguir:

$$P_{OBJETIVO} = \frac{28.000 \text{ m}^3S}{4 \text{ días} \cdot 16 \frac{\text{h}}{\text{día}}} = 437{,}5 \frac{\text{m}^3S}{\text{h}}$$

Según esto, con una única motoniveladora será suficiente para cumplir el objetivo de producción.

A continuación se procede a compactar la tongada de material extendido.

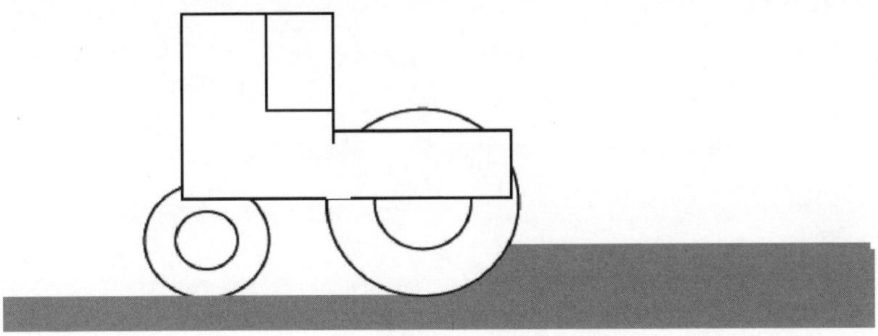

Figura 16.3
Operación de compactación (una vez realizado el extendido)

Para calcular la producción de un compactador, se aplica la fórmula de la producción, con los datos que proporciona el enunciado:

$$P = \frac{e}{N} \cdot L \cdot v \cdot 1.000 \cdot k \cdot f_h = \frac{0,3}{6} \cdot 2,5 \cdot 4 \cdot 1.000 \cdot 0,9 \cdot \frac{45}{60} = 337,5 \frac{\mathrm{m}^3 S}{\mathrm{h}}$$

En el caso de los compactadores, harán falta 2 para poder cumplir con el objetivo de producción.

Problema 17

Dimensionamiento de parque de maquinaria

Un contratista debe realizar una oferta para la excavación, transporte, extendido y compactación de un material clasificado como tierra común.

Para ello dispone del siguiente equipo de trabajo:

Una excavadora que puede trabajar con los siguientes tamaños de cazo 0,8 y 1 m^3. El frente de excavación tiene 3 m de altura y descargará sobre camiones situados a 60°. Coste horario 100 €.

Camiones en cantidad suficiente, que tienen 8 m^3 de capacidad y que se estima utilizarán unos tiempos de descarga y maniobras de 1 minuto y unos tiempos de ida y vuelta del punto de excavación al de relleno de 20 min. Coste horario de cada unidad 50 €.

Para el extendido dispone de una niveladora con una hoja de 2,3 m de ancho que utilizará un ángulo de giro de 60° y que extenderá el material camión por camión en tongadas de espesor 20 cm. La velocidad de trabajo será de 5 km/h, la de retroceso de 10 km/h y el tiempo de maniobras se estima en 3 s. Serán necesarias 4 pasadas para un correcto extendido. Coste horario 80 €.

Para la compactación dispone de suficientes compactadores de 2 m de anchura estimándose necesarias 6 pasadas a realizar a 5 km/h de velocidad con un coeficiente de solape de 0,9. Coste horario de cada máquina 60 €.

Para todas las máquinas se estima una eficiencia horaria de 50 min a la hora y una organización de la obra del 100%.

Se pide dimensionar el equipo de trabajo necesario para obtener la mejor producción con acarreo continuo y el coste por m^3 a ofertar.

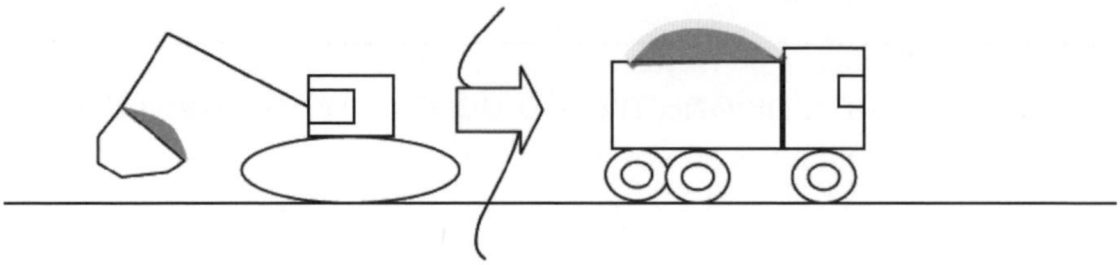

Figura 17.1
Operación de arranque y carga en camiones

Según el enunciado, la primera operación del proceso es la rotura del material por medio de la excavadora. A partir de los datos del problema, se procede al cálculo de la producción de ésta máquina:

$$P = C \cdot f_{LL} \cdot \frac{3.600}{t_c} \cdot f_G \cdot f_{\frac{H}{L}} \cdot f_m \cdot f_h$$

Tabla 17.1

Valores de P (m³/h); *in situ:* en banco; excavada: material suelto

Capacidad nominal del cazo		0,55	0,70	1,12	1,50	1,90	2,25	2,60	3
Arcilla húmeda ligera	*In situ*	101	124	177	234	271	306	342	378
	Excavada	132	162	230	306	350	399	443	489
Arena, grava	*In situ*	93	118	169	226	259	298	333	364
	Excavada	105	133	190	255	293	338	378	414
Tierra común	*In situ*	80	101	150	200	213	261	302	329
	Excavada	94	120	180	239	285	311	359	391
Arcilla tenaz	*In situ*	61	77	110	150	182	217	244	266
	Excavada	92	116	164	223	275	325	364	399
Arcilla húmeda pegajosa	*In situ*	47	63	89	121	150	170	201	226
	Excavada	65	89	128	172	213	239	297	325
Roca bien partida	*In situ*	57	81	116	146	177	214	230	253
	Excavada	90	126	180	230	277	315	355	396
Escombros comunes con piedras y raíces	*In situ*	53	65	93	132	149	177	200	217
	Excavada	93	116	177	215	262	311	351	382
Roca mal partida	*In situ*	33	52	77	105	129	142	186	222
	Excavada	67	96	154	209	257	285	372	443

Fuente: P.C.S.A.

— Carrera de ataque óptima.
— Giro de 90°.
— Excavación sin pérdida de tiempo para desplazamientos de la máquina.
— Hora de trabajo = 50 minutos (factor de eficiencia horaria: f_h).
— Rendimiento general de la obra = 0,80 (factor de organización: f_m).

Se comenzará con los parámetros del cucharón de 0,8 m³ de capacidad. Interpolando en la tabla de producción (Tabla 17.1) para un cazo de esa capacidad y trabajando con tierra común, se obtiene:

Interpolando entre los valores marcados, se obtiene la producción:

$$\frac{150-101}{1{,}12-0{,}7}=\frac{P_{0,8}-101}{0{,}8-0{,}7} \quad \Rightarrow \quad P_{0,8}=112{,}7\ \frac{\mathrm{m}^3 B}{\mathrm{h}}$$

El factor de llenado para este cazo y tipo de material sería f_{LL} = 1 según se observa en la Tabla 17.2.

Tabla 17.2

Factor de llenado f_{LL}

Capacidad nominal del cazo		m^3	0,55	0,70	1,12	1,50	1,90	2,25	2,60	3
Designación del terreno		Coeficiente de esponjamiento	Factor f_{LL}							
Excavación fácil	Arcilla húmeda o arenosa ligera	1,30	1,15	1,15	1,15	1,16	1,16	1,16	1,20	1,22
	Arena y Grava	1,13	0,93	0,93	0,96	0,96	0,96	0,98	1,02	1,02
Excavación mediana	Tierra común compacta virgen	1,19	1,0	1,0	1,0	1,04	1,04	1,04	1,06	1,06
Excavación dura	Arcilla dura y tenaz	1,49	1,10	1,10	1,10	1,12	1,12	1,12	1,16	1,17
	Arcilla húmeda pegajosa	1,43	1,10	1,10	1,10	1,12	1,12	1,12	1,16	1,17
Carga	Roca muy bien partida	1,56	0,80	0,89	0,90	0,91	0,94	1,00	1,02	1,02
	Escombros comunes con piedra y raíces	1,75	0,87	0,87	0,87	0,90	0,90	0,95	0,96	0,96
	Roca mal partida	2,00	0,58	0,75	0,78	0,83	0,85	0,91	1,05	1,14

Fuente: P.C.S.A.

A continuación se procede a obtener el valor de la carrera de ataque óptima para este tamaño de cazo:

Tabla 17.3

Carrera de ataque óptima

Capacidad nominal del cazo	m^3	0,55	0,70	1,12	1,50	1,90	2,25	2,60	3	3,6
Arcilla húmeda o arenosa ligera	m	1,50	1,80	2,15	2,35	2,55	2,66	2,75	2,8	3,2
Arena o grava	m	1,50	1,80	2,15	2,35	2,55	2,66	2,75	2,8	3,2
Tierra común	m	2,05	2,35	2,80	3,10	3,40	3,55	3,65	3,7	4,1
Arcilla dura y tenaz	m	2,40	2,70	3,30	3,70	4,00	4,25	4,40	4,6	5,0
Arcilla húmeda pegajosa	m	2,40	2,70	3,30	3,70	4,00	4,25	4,40	4,6	5,0

Fuente: P.C.S.A.

Interpolando nuevamente:

$$\frac{2,8-2,35}{1,12-0,7}=\frac{H_{0,8}-2,35}{0,8-0,7} \quad \Rightarrow \quad H_{0,8}=2,46 \text{ m}$$

Con este valor obtenido, los valores de f_G y de $f_{H/L}$ serán:

$$f_G = 60°$$

$$f_{\frac{H}{L}} = \frac{3}{2,46} = 1,22 = 122 \ \%$$

Tabla 17.4

Producto $f_G \times f_{H/L}$, para diferentes carreras y ángulos de giro

H/L carrera (en %) de la óptima	Giro (en grados)						
	45	60	75	90	120	150	180
40	0,93	0,89	0,85	0,80	0,72	0,65	0,59
60	1,10	1,03	0,96	0,91	0,81	0,73	0,66
80	1,22	1,12	1,04	0,98	0,86	0,77	0,69
100	1,26	1,16	1,07	1,00	0,88	0,79	0,71
120	1,20	1,11	1,03	0,97	0,86	0,77	0,70
140	1,12	1,04	0,97	0,91	0,81	0,73	0,66
160	1,03	0,96	0,90	0,85	0,75	0,67	0,62

Fuente: P.C.S.A.

Y el valor del producto $f_G \cdot f_{H/L}$ será:

$$f_G \cdot f_{\frac{H}{L}} = 1{,}10$$

Corrigiendo el valor de la producción obtenida en tablas en función de los valores propios del problema, la producción de la excavadora con el cazo de 0,8 m^3 será:

$$P_{0,8} = 112{,}7 \cdot \frac{1}{1} \cdot \frac{1{,}10}{1} \cdot \frac{0{,}83}{0{,}83} \cdot \frac{1}{0{,}8} = 154{,}96\ \frac{\text{m}^3 B}{\text{h}}$$

Realizando las mismas operaciones para el caso del cazo de 1 m^3 de capacidad, los valores que se obtienen serían:

Producción según tablas:

$$\frac{150-101}{1{,}12-0{,}7} = \frac{P_1-101}{1-0{,}7} \quad \Rightarrow \quad P_1 = 136\ \frac{\text{m}^3 B}{\text{h}}$$

Factor de llenado: $f_{LL} = 1$

Carrera de ataque óptima:

$$\frac{2,8-2,35}{1,12-0,7} = \frac{H_1-2,35}{1-0,7} \quad \Rightarrow \quad H_1 = 2,67 \text{ m}$$

Producto $f_G \cdot f_{H/L}$:

$$f_G \cdot f_{\frac{H}{L}} = 1,13$$

Con lo que la producción corregida según los factores anteriores será:

$$P_1 = 136 \cdot \frac{1}{1} \cdot \frac{1,13}{1} \cdot \frac{0,83}{0,83} \cdot \frac{1}{0,8} = 192,1 \frac{\text{m}^3 B}{\text{h}}$$

Se puede observar en tablas, que el factor de esponjamiento del material (tierra común) es $F_W = 1,19$. Convirtiendo los valores de producción obtenidos a $\text{m}^3 S/\text{h}$:

Tabla 17.5

Resumen de producciones obtenidas

	Cazo 0,8 m³	Cazo 1 m³
Producción $\text{m}^3 B$	154,96	192,1
Producción $\text{m}^3 S$	184,40	228,6

La pala cargadora realiza la carga de los camiones. En función del cazo que utilice serán necesarios más o menos camiones para seguir el ritmo de producción.

Partiendo de las producciones obtenidas y sabiendo que la capacidad de los camiones es de 8 m^3 el tiempo de carga necesario con cada una de los cazos, sería:

— Cazo de 0,8 m^3

$$t_{CARGA} = \frac{8\ \text{m}^3S}{184{,}4\ \frac{\text{m}^3S}{\text{h}}} \cdot 60 = 2{,}6\ \text{min}$$

— Cazo de 1 m^3

$$t_{CARGA} = \frac{8\ \text{m}^3S}{228{,}6\ \frac{\text{m}^3S}{\text{h}}} \cdot 60 = 2{,}1\ \text{min}$$

El tiempo de ciclo de los camiones, considerando cada una de las 2 opciones de carga, será:

— Con cazo de 0,8 m^3:

$$t_{\text{CICLO}} = t_{\text{FIJOS}} + t_{\text{VARIABLES}} = (2{,}6 + 1) + 20 = 23{,}6\ \text{min.}$$

— Con cazo de 1 m^3;

$$t_{\text{CICLO}} = t_{\text{FIJOS}} + t_{\text{VARIABLES}} = (2{,}1 + 1) + 20 = 23{,}1\ \text{min.}$$

La producción que se obtiene en cada caso:

$$P_{0,8} = 8\ \text{m}^3S \cdot \frac{60\ \frac{\text{min}}{\text{h}}}{23{,}6\ \text{min}} \cdot 0{,}83 = 16{,}88\ \frac{\text{m}^3S}{\text{h}}$$

$$P_1 = 8\ \text{m}^3S \cdot \frac{60\ \frac{\text{min}}{\text{h}}}{23{,}1\ \text{min}} \cdot 0{,}83 = 17{,}25\ \frac{\text{m}^3S}{\text{h}}$$

Por tanto, el número de camiones necesarios para seguir el ritmo de la excavadora en cada caso será:

— Con cazo de 0,8 m³

$$\frac{184{,}4\ \frac{\text{m}^3S}{\text{h}}}{16{,}88\ \frac{\text{m}^3S}{\text{h}}} = 10{,}92 \text{ camiones} \Rightarrow 11 \text{ camiones}$$

— Con cazo de 1 m³

$$\frac{228{,}6\ \frac{\text{m}^3S}{\text{h}}}{17{,}25\ \frac{\text{m}^3S}{\text{h}}} = 13{,}25 \text{ camiones} \Rightarrow 14 \text{ camiones}$$

Una vez transportado el material se procede a su extendido por medio de la niveladora. El enunciado especifica que se dispone de una niveladora, que es la máquina que puede condicionar el ritmo de trabajo de la excavadora (puesto que se pide que se realice acarreo continuo).

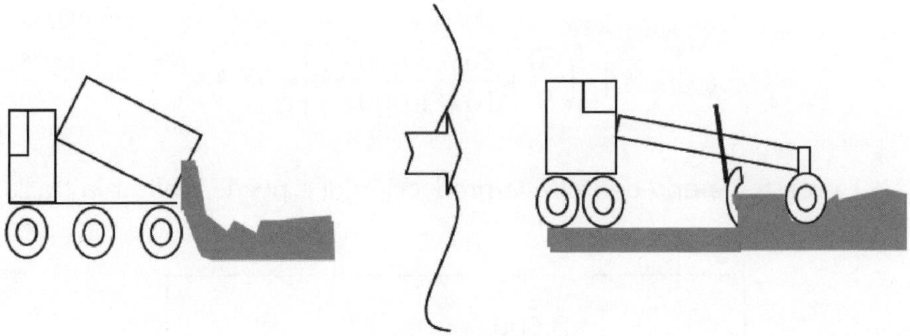

Figura 17.2
Operación de extendido

La niveladora trabaja con un ángulo de giro de 60° por lo que la anchura efectiva de la tongada será:

$$L_{\text{Efect}} = L \cdot \text{sen } 60° = 2{,}3 \cdot \text{sen } 60° = 2 \text{ m}$$

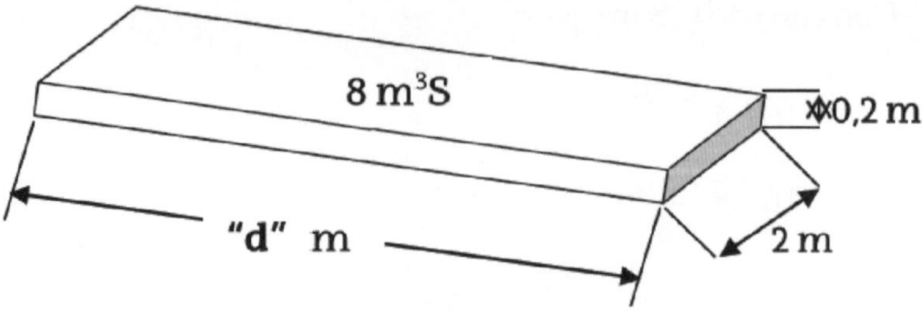

Figura 17.3
Dimensiones de la tongada

Por otra parte, el extendido del material se realiza camión por camión, por lo que la longitud de la tongada será:

$$8 \text{ m}^3S = 2 \cdot 0{,}2 \cdot d \quad \Rightarrow \quad d = 20 \text{ m.}$$

Para dejar la tongada en condiciones la niveladora debe realizar 4 pasadas sobre el material, según las velocidades indicadas y, además, en cada pasada se invierte un tiempo de maniobra de 3 s. Por lo tanto, el tiempo del ciclo de trabajo será:

$$t_{CICLO} = 4 \cdot \left[\left(\frac{20}{5} + \frac{20}{10} \right) \cdot \frac{3.600}{1.000} + 3 \right] = 98{,}4 \text{ s}$$

Con este tiempo de ciclo, la producción que puede realizar la traílla será:

$$P = 8 \text{ m}^3S \cdot \frac{3.600 \frac{\text{s}}{\text{h}}}{98{,}4 \text{ s}} \cdot 0{,}83 = 242{,}93 \frac{\text{m}^3S}{\text{h}}$$

El valor obtenido demuestra que la niveladora puede realizar una producción mayor que la de la excavadora trabajando con el cazo más grande, por lo que la capacidad productiva del conjunto de maquinaria estará limitada por la excavadora.

Por último, queda por determinar la producción de un compactador y el número de ellos que puedan ser necesarios.

Figura 17.4

Operación de compactación

$$P = \frac{e}{N} \cdot L \cdot v \cdot 1.000 \cdot k \cdot f_h = \frac{0,2}{6} \cdot 2 \cdot 5 \cdot 1.000 \cdot 0,9 \cdot 0,83 = 249 \frac{m^3 S}{h}$$

Con un compactador es suficiente para seguir el ritmo de producción.

Por tanto, el equipo necesario de maquinaria será:

Tabla 17.6

Resumen de maquinaria necesaria

	Cantidad	Producción (m^3S/h)
Excavadora (cazo 1 m^3)	1	228,6
Camiones	14	228,6
Niveladora	1	228,6
Compactador	1	228,6

El coste de producción será:

$$C == \frac{(100 + 14 \cdot 50 + 80 + 60) \frac{€}{h}}{228,6 \frac{m^3 S}{h}} = 4,11 \frac{€}{m^3 S}$$

Problema 18

Elaboración de oferta

Un contratista debe ofertar precio por m^3 del arranque, carga, transporte y compactación de una zahorra natural a una obra situada a 10 km del préstamo. El material tiene un factor de esponjamiento de 0,89 y una densidad en banco de 2,158 y se estima un porcentaje de consolidación del 5%.

Para ello cuenta con una cargadora que tiene una capacidad de producción según catalogo de 160 m^3S/h, con una f_h del 90% y un coste de 57 €/h. Por otra parte, no tiene problemas en contar con suficientes camiones para la operación. Dichos camiones pueden transportar 10 m^3 de material, teniendo un coste cada uno de 48 €/h. Se estima una velocidad de ida de 35 km/h y de vuelta de 50 km/h con unos tiempos de descarga y maniobras de 2 minutos y una f_h del 100%. Se supondrá que los camiones van cargados con el volumen exacto de su caja.

Si el contratista le cuesta 0,18 € cada m^3 de material en banco que arranca del préstamo y 0,9 € cada m^3 que compacta en la traza. Se pide:

- Determinar el *coste por tonelada* a ofertar (arranque + carga + transporte + compactación).

Para solucionar el problema, se va a proceder a analizar el coste de producción por tonelada de cada una de las operaciones descritas, para, finalmente, sumarlas todas y dar la respuesta que se pide.

Se empezará en primer lugar por el arranque. Se sabe que cada m³ de material que se arranca al contratista le cuesta 0,18 €. Como lo que se necesita es saber el coste de cada tonelada, se utilizará la densidad en banco para realizar la conversión de unidades.

$$\text{Coste} = \frac{0{,}18 \dfrac{€}{\text{m}^3 B}}{2{,}158 \dfrac{\text{t}}{\text{m}^3 B}} = 0{,}08 \frac{€}{\text{t}}$$

Una vez arrancado el material se procede a su carga mediante la cargadora. De esta máquina se proporciona directamente la información de su producción y la eficiencia horaria con la que trabaja que, junto con el coste horario, nos permite calcular su coste de producción.

Operando para obtener la producción corregida:

$$P = 160 \frac{\text{m}^3 S}{\text{h}} \cdot 0{,}9 = 144 \frac{\text{m}^3 S}{\text{h}}$$

Y por tanto, el coste de producción será:

$$\text{Coste} = \frac{57 \dfrac{€}{\text{h}}}{144 \dfrac{\text{m}^3 S}{\text{h}}} = 0{,}396 \frac{€}{\text{m}^3 S}$$

Como el problema pide el coste por tonelada, se transforma este valor mediante la densidad suelta del material. Para ello, a partir de la densidad en banco del material y del factor de esponjamiento, se calcula en primer lugar dicha densidad suelta.

$$F_W = \frac{d_S}{d_B} \quad \Rightarrow \quad 0{,}89 = \frac{d_S}{2{,}158} \quad \Rightarrow \quad d_S = 1{,}921 \frac{\text{t}}{\text{m}^3 S}$$

Por tanto:

$$\text{Coste} = \frac{0{,}396\ \frac{€}{\text{m}^3S}}{1{,}921\ \frac{\text{t}}{\text{m}^3S}} = 0{,}206\ \frac{€}{\text{t}}$$

Siguiendo con el proceso marcado, la cargadora deposita el material en camiones.

Para obtener la producción de los camiones se calculará su tiempo de ciclo.

$$t_{\text{CICLO}} = t_{\text{FIJOS}} + t_{\text{VARIABLES}}.$$

El enunciado proporciona información para obtener los tiempos variables, que serán:

$$t_{VARIABLES} = t_{IDA} + t_{VUELTA} = \left(\frac{10}{35} + \frac{10}{50}\right) \cdot 60 = 29{,}14 \text{ min}$$

Los tiempos fijos serán los de descarga y maniobra más los de carga. Para el cálculo del tiempo de carga, se especifica que los camiones van «cargados con el volumen exacto de su caja».

Por lo tanto el tiempo de carga será:

$$t_{CARGA} = \frac{10\ \text{m}^3S}{144\ \frac{\text{m}^3S}{\text{h}}} \cdot 60 = 4{,}17 \text{ min}$$

Por tanto os tiempos fijos serán:

$$t_{\text{FIJOS}} = 2 + 4{,}17 = 6{,}17 \text{ min.}$$

Y el tiempo de ciclo será:

$$T_{\text{CICLOS}} = 6{,}17 + 29{,}14 = 35{,}31 \text{ min.}$$

Con lo que la producción de un camión será:

$$P = 10\,\text{m}^3S \cdot \frac{60}{35{,}31} \cdot 1 = 17\,\frac{\text{m}^3S}{\text{h}}$$

Con esta producción, el número de camiones que se deben colocar para seguir el ritmo de la cargadora serán:

$$\boxed{\frac{P_{CARGADORA}}{P_{CAMIÓN}} = \frac{144}{17} = 8{,}47}$$

Con 8 camiones el cuello de botella son los camiones, y por tanto la cargadora espera.

Con 9 camiones el cuello de botella es la cargadora y los camiones esperan, siendo la producción máxima que podrán realizar los 144 m^3S/h de la cargadora. Como el enunciado dice que no hay problemas con el número de camiones a disponer, se tomará esta opción.

El coste de producción del transporte será:

$$\text{Coste} = \frac{(9 \text{ x } 48)\,\frac{€}{\text{h}}}{144\,\frac{\text{m}^3S}{\text{h}}} = 3\,\frac{€}{\text{m}^3S}$$

Al igual que en el caso anterior, para obtener el coste por tonelada, se utiliza la densidad suelta para la conversión de unidades.

$$\boxed{\text{Coste} = \frac{3\,\frac{€}{\text{m}^3S}}{1{,}921\,\frac{\text{t}}{\text{m}^3S}} = 1{,}56\,\frac{€}{\text{t}}}$$

Finalmente, se procede a la compactación del material. Al contratista le cuesta 0,9 € cada m^3 compactado. Para obtener el coste por tonelada se necesita calcular en primer lugar la densidad compactada del material. Para ello se dispone del porcentaje de consolidación del mismo. Operando:

$$S_h = \frac{d_C - d_B}{d_C} \Rightarrow 5 = \frac{d_C - 2{,}158}{d_C} \times 100 \Rightarrow d_C = 2{,}271 \frac{\text{t}}{\text{m}^3 C}$$

Con lo que el coste de compactación por tonelada será:

$$\text{Coste} = \frac{0{,}9 \frac{€}{\text{m}^3 C}}{2{,}271 \frac{\text{t}}{\text{m}^3 S}} = 1{,}4 \frac{€}{\text{t}}$$

Una vez obtenidos los costes por tonelada de cada una de las operaciones a realizar (arranque, carga, transporte y compactación) el coste total será:

$$\text{Coste total} = 0{,}08 + 0{,}206 + 1{,}56 + 0{,}4 = 2{,}246 \frac{€}{\text{t}}$$

Problema 19

Cuello de botella en el túnel

En las tareas de desescombro de un túnel tenemos el siguiente equipo de trabajo.

— Una pala CAT 670. Cazo: 1,1 m^3, f_{LL} = 1,1. Precio: 90 €/h.
— *Dumpers* MAN de 3 ejes, tantos como se necesiten. Tara: 3.500 kg, PMA: 8 t, Volumen caja: 5 m^3. Precio: 50 €/h.

El trabajo de desescombro dentro del túnel consiste en entrar un camión al túnel y llegar al lugar de carga (donde se sitúa la pala CAT 670) para lo cual se emplean 55 segundos, maniobrar en la zona de carga (30 segundos), ser cargado el camión, y volver por el túnel hasta su salida, para lo cual se tardan 1,5 minutos. Ya en el exterior, el camión recorre 2,5 km, a una velocidad media de 15 km/h hasta el punto de vertido, vierte el material en un tiempo de 25 segundos y vuelve a recorrer los 2,5 km desde el punto de vertido hasta el inicio del túnel a una velocidad de 25 km/h.

Debido a las características del túnel, cuando un camión entra en el túnel, no puede haber otro dentro, puesto que no pueden cruzarse dentro del túnel.

El material transportado tiene una densidad suelta de 1,8 T/m^3.

El tiempo que emplea la pala en cargar su cazo de material de desescombro, maniobrar y verterlo dentro del camión es de 45 segundos. El rendimiento en la obra es del 100%.

Con estos vehículos, ¿qué producción máxima se puede conseguir? ¿A qué precio corresponde esa producción máxima?

En primer lugar se analiza el volumen máximo de material que puede transportar el *dumper,* viendo qué limita más, el peso o el volumen.

La carga que puede transportar es:

Carga = PMA – Tara = 8.000 kg – 3.500 kg = 4.500 kg.

Esa carga máxima implica que puede transportar un volumen de:

$$V = \frac{4{,}5\ \text{t}}{1{,}8\ \dfrac{\text{t}}{\text{m}^3S}} = 2{,}5\ \text{m}^3S$$

Por otra parte, el volumen máximo de la caja es de 5 m^3, por lo que el máximo volumen que puede transportar es de 2,5 m^3S, siendo el peso el que limita la cantidad de material a transportar.

Ese volumen de 2,5 m^3S será cargado por la pala en un número determinado de paladas:

$$\text{Paladas} = \frac{2{,}5\ \text{m}^3S}{1{,}1 \cdot 1{,}1} = 2{,}06\ \text{paladas} \quad \Rightarrow \quad 2\ \text{paladas}$$

El tiempo de ciclo del *dumper* es:

$$t_c = t_{\text{ENTRADA-TÚNEL}} + t_{\text{MANIOBRA}} + t_{\text{CARGA}} + t_{\text{SALIDA-TÚNEL}} + t_{\text{IDA-EXT}} + t_{\text{VERTIDO}} + t_{\text{VUELTA-EXT}}$$

$$t_c = 55 + 30 + 2 \cdot 45 + 1{,}5 \cdot 60 + \frac{2{,}5}{15} \cdot 3600 + 25 + \frac{2{,}5}{25} \cdot 3600 = 1.250\ \text{s}$$

De esos 1.250 segundos, en el exterior del túnel está durante 985 s y en el interior del túnel 265 s.

La producción del *dumper* es:

$$P_{CAMIÓN} = 2 \cdot 1{,}1 \cdot 1{,}1 \cdot \frac{3.600}{1.250} \cdot 1 = 6{,}97\ \frac{\text{m}^3S}{\text{h}}$$

Por otro lado, la producción de la pala cargadora no debe ser calculada como tiempo de ciclo el empleado para el cargue de esas dos paladas (2 · 45 s). Debido a las características singulares de la obra, cuando el *dumper* está dentro del túnel no puede entrar otro *dumper* más, porque no se pueden cruzar. En consecuencia, aunque el proceso de cargue del *dumper* pudiera parecer que solo es el necesario para que la pala cargue el escombro, maniobre y lo vierta en el camión (repetido 2 veces), debe considerarse como tiempo empleado en cargar un *dumper* todo el tiempo empleado desde que entra en el túnel hasta que sale. En el exterior los *dumpers* se pueden cruzar, pero en el interior no, por lo tanto, aunque durante la maniobra de aproximación la pala esté parada, ningún otro camión puede realizar el recorrido. Por tanto, en la producción de la pala debe considerarse como tiempo de cargue, todo el tiempo que el camión está en el túnel, puesto que el recorrido del camión a lo largo del túnel es inherente al proceso de trabajo de la pala. Por consiguiente:

$$P_{PALA} = 2 \cdot 1{,}1 \cdot 1{,}1 \cdot \frac{3.600}{265} \cdot 1 = 32{,}87 \frac{\mathrm{m}^3 S}{\mathrm{h}}$$

El número de *dumpers* necesarios será:

$$\text{N.}^{\circ}\text{camiones} = \frac{32{,}87}{6{,}97} = 4{,}71 \text{ camiones}$$

Con 5 camiones el cuello de botella será la pala cargadora y se obtiene la máxima producción

$$P_{5C} = P_{PALA} = 32{,}87 \frac{\mathrm{m}^3 S}{\mathrm{h}}$$

$$\boxed{\text{Coste}_{5C} = \frac{90 + 5 \cdot 50}{32{,}87} = 10{,}35 \ \frac{€}{\mathrm{m}^3 B}}$$

Son necesarios 5 *dumpers* para obtener la máxima producción a un coste de 10,35 €/m^{3}S.

Otra forma de interpretar el problema es comparar el tiempo que está un *dumper* dentro del túnel con el que está fuera del túnel. De esta manera, desde que sale un *dumper* cargado del túnel hasta que vuelve a llegar a la entrada del túnel, se puede saber cuántos *dumpers* han podido entrar a ser cargados.

$$\frac{985\ \text{s}}{265\ \text{s}} = 3{,}71\ \text{camiones}$$

Por tanto, mientras 1 *dumper* ha salido del túnel, podrán entrar otros 3,7 a ser cargados. Si solo entran 3 *dumpers,* 3 · 265 = 795 s el primer *dumper* no ha llegado, y por tanto, los camiones son el cuello de botella. Como se desea una máxima producción (habitualmente se busca un desescombro rápido de un túnel para repetir el ciclo de avance de la excavación), deberán disponerse 4 camiones, más el que estaba haciendo el ciclo en el exterior del túnel. Por tanto, son necesarios 5 *dumpers.*

De manera alternativa, la producción de esos 5 *dumpers* se puede calcular de la siguiente manera. Mientras el primer *dumper* ha salido del túnel, los otros 4 tardarán en ser cargados (desde que entran al túnel hasta que salen), 4 · 265 = 1.060 s, por lo que el primer *dumper* vuelva tras 985 s y tendrá que esperar 75 s. Por tanto, el ciclo del *dumper* deberá incluir esa espera y será de 1.060 + 265 = 1.325 s.

$$P_{1C} = 2 \cdot 1{,}1 \cdot 1{,}1 \cdot \frac{3.600}{1.325} \cdot 1 = 6{,}575 \frac{\text{m}^3 S}{\text{h}}$$

$$\boxed{P_{5C} = 6{,}575 \cdot 5 = 32{,}87 \frac{\text{m}^3 S}{\text{h}}}$$

Que es la producción de la pala calculada anteriormente, cuando se calculaba como tiempo de ciclo de la pala todo el tiempo que el *dumper* está dentro del túnel.

Problema 20

Elección del trabajo más rentable

Un contratista puede acometer 2 trabajos diferentes en 2 obras diferentes, A y B, a los cuales puede ofertar a los precios máximos indicados. El contratista posee 3 retroexcavadoras CAT 330 (Coste: 130 €/h), 4 palas CAT 960 (Coste 100 €/h) y 9 *dumpers* VOLVO A25 (110 €/h). Los trabajos a realizar son:

Trabajo A

Comprende la excavación y transporte de 35.000 m^3 de material según mediciones en perfil, que se realizará mediante retroexcavadora y carga en *dumpers.*

— Material: densidad en banco de 2,2 t/m^3. Porcentaje de esponjamiento del 15%.
— Excavación y carga: mediante retroexcavadoras CAT 330, con cazo de 1,1 m^3 y f_{LL} = 1,05. Tiempo de excavación, carga, giro y descarga en camión: 50 segundos.
— Transporte: *dumpers* VOLVO A25, de las siguientes características: PMA: 25 t, Tara: 11.000 kg, capacidad máxima de la caja: 7 m^3. Tiempo de ida: 4 minutos, tiempo de vuelta 180 segundos, tiempo de descarga: 50 segundos. Tiempo de maniobras: 1,5 minutos.
— Producción mínima: 100 m^3B/h. f_h = 0,83.
— Precio máximo al que puede ofertar esta tarea: 9,50 €/m^3 medido sobre perfil.

Trabajo B

Consta de la carga y transporte de 50.000 m³ de material suelto, que se realizaría pala cargadora y acarreo mediante *dumpers.*

- **Material: densidad suelta de 2,05 t/m³.**
- **Carga: mediante palas CAT 960 de cazo de 2,1 m³, factor de llenado de 1,05 y un tiempo de carga de 40 segundos.**
- **Transporte: *dumpers* de las mismas características que en el trabajo A. Tiempo de ida: 3 minutos, tiempo de vuelta: 125 segundos, tiempo de descarga, 1 minutos. Tiempo de maniobras: 1,25 minutos.**
- **Producción mínima: 160 m³S/h. Factor de eficacia horaria: 55 minutos sobre 60.**
- **Precio máximo al que puede ofertar esta tarea: 4,50 €/m³S.**

Ante las dos posibilidades de trabajo, ¿se pueden acometer ambos tareas?

En caso de no poder realizar simultáneamente ambas, ¿cuál se debería escoger?

Se analiza cada uno de los trabajos por separado para ver cuánta maquinaria es necesaria para cubrir la producción mínima exigida.

Trabajo A

Con los datos del material, densidad en banco y porcentaje de esponjamiento, se calcula la densidad suelta:

$$S_W = \frac{d_B - d_S}{d_S} \cdot 100 = 15 = \frac{2{,}2 - d_S}{d_S} \cdot 100 \Rightarrow d_S = \frac{2{,}2}{1{,}15} = 1{,}913 \frac{\text{t}}{\text{m}^3 S}$$

Por tanto la producción mínima será:

$$100 \frac{\text{t}}{\text{m}^3 B} = 115 \frac{\text{t}}{\text{m}^3 S}$$

La producción de la retroexcavadora es:

$$P_{1RETRO} = 1{,}1 \cdot 1{,}05 \cdot \frac{3.600}{50} \cdot 0{,}83 = 69{,}023 \frac{m^3S}{h}$$

En consecuencia, son necesarias:

$$\frac{115 \frac{m^3S}{h}}{69{,}023 \frac{m^3S}{h \cdot retro}} = 1{,}66 \text{ retroexcavadoras} \Rightarrow 2 \text{ retroexcavadoras}$$

Se analiza la producción del camión.

La carga del camión es

$$\text{Carga} = \text{PMA} - \text{Tara} = 25 \text{ t} - 11 \text{ t} = 14 \text{ t}.$$

El volumen máximo que puede llevar de ese material es:

$$\frac{14 \text{ t}}{1{,}913 \frac{t}{m^3S}} = 7{,}318 \text{ m}^3S$$

Como la capacidad máxima de la caja es 7 m^3S, el volumen de la caja limita el volumen máximo a transportar. Esos 7 m^3S se llenarán con un cierto n.° de paladas:

$$\text{n.° paladas} = \frac{7 \text{ m}^3S}{(1{,}1 \cdot 1{,}05) \frac{m^3S}{palada}} = 6{,}06 \text{ paladas} \quad \Rightarrow \quad 6 \text{ paladas}$$

El tiempo de ciclo del *dumper* es:

$$t_C = t_{CARGA} + t_{IDA} + t_{DESCARGA} + t_{VUELTA} + t_{MANIOBRA} =$$
$$= 5 \cdot 60 + 4 \cdot 60 + 180 + 50 + 1{,}5 \cdot 60 = 860 \text{ S}.$$

La producción del *dumper* es:

$$P_{DUMPER} = (6 \cdot 1{,}1 \cdot 1{,}05) \cdot \frac{3.600}{860} \cdot 0{,}83 = 24{,}07 \frac{m^3S}{h}$$

Por tanto, el número de *dumpers* que se necesitan para trabajar con las 2 retroexcavadoras que son obligatorias para obtener la producción mínima es:

$$N.^o\ dumpers = \frac{2 \cdot 69{,}023}{24{,}07} = 5{,}73\ dumper$$

Con 5 camiones el cuello de botella serán los camiones y se obtiene el precio más barato.

$$P_{5C} = 24{,}07 \cdot 5 = 120{,}35 \frac{m^3S}{h} = 104{,}65 \frac{m^3B}{h}$$

Y se comprueba que se obtiene la producción mínima exigida (100 m^3B/h). El coste es:

$$\boxed{Coste_{5C} = \frac{2 \cdot 130 + 5 \cdot 110}{104{,}65} = 7{,}74 \frac{€}{m^3B}}$$

Con 6 *dumpers,* el cuello de botella serían las retroexcavadoras y la producción sería 2 · 69,023 = 138,04 m^3S/h.

Trabajo B

La producción de una pala es:

$$P_{1PALA} = 2{,}1 \cdot 1{,}05 \cdot \frac{3.600}{40} \cdot \frac{55}{60} = 181{,}91 \frac{m^3S}{h}$$

La producción de una pala es superior al mínimo exigido, 160 m^3S/h, por lo que solamente es necesaria una pala cargadora.

Se analiza la producción del camión.

El volumen máximo que puede llevar de este material es:

$$\frac{14\ \mathrm{T}}{2{,}05\dfrac{\mathrm{T}}{\mathrm{m}^3S}} = 6{,}829\ \mathrm{m}^3S$$

Como la capacidad máxima de la caja es 7 m^3, en este caso, la carga marca el máximo volumen a transportar. Esos 6,829 m^3 se llenarán con cierto número de paladas:

$$\text{n.° paladas} = \frac{6{,}829\ \mathrm{m}^3}{(2{,}1 \cdot 1{,}05)\dfrac{\mathrm{m}^3S}{\text{palada}}} = 3{,}097\ \text{paladas} \quad \Rightarrow \quad 3\ \text{paladas}$$

El tiempo de ciclo del *dumper* en el trabajo B es:

$$t_C = t_{\mathrm{CARGA}} + t_{\mathrm{IDA}} + t_{\mathrm{DESCARGA}} + t_{\mathrm{VUELTA}} + t_{\mathrm{MANIOBRA}} =$$
$$= 3 \cdot 60 + 3 \cdot 60 + 1 \cdot 60 + 125 + 1{,}25 + 1{,}25 \cdot 60 = 560\ \mathrm{S}.$$

Y la producción es:

$$P_{1CAMION} = 3 \cdot 2{,}1 \cdot 1{,}05 \cdot \frac{3.600}{560} \cdot \frac{55}{60} = 38{,}98\frac{\mathrm{m}^3S}{\mathrm{h}}$$

Por tanto, el número de *dumpers* que se necesitan para trabajar con una pala cargadora es:

$$\text{n.° } dumpers = \frac{181{,}91}{38{,}98} = 4{,}66\ dumpers$$

Con 4 *dumpers* el cuello de botella serán los *dumpers* y se obtiene el precio más barato.

$$P_{4C} = 38{,}98 \cdot 4 = 155{,}92\frac{\mathrm{m}^3S}{\mathrm{h}}$$

Sin embargo, se comprueba que NO se obtiene la producción mínima exigida (160 m^3S/h). Por consiguiente, es necesario introducir 5 *dumpers* para conseguir la producción mínima exigida, aun a costa de obtener un coste mayor.

Con 5 *dumpers,* el cuello de botella es la pala cargadora y la producción será la de la pala, 181,91 m^3S/h. El coste es:

$$Coste_{5C} = \frac{100 \cdot 1 + 5 \cdot 110}{181,91} = 3,57 \frac{€}{m^3S}$$

Por tanto para acometer los dos trabajos a la vez, se necesitan 2 retroexcavadoras y 1 pala cargadora (de las que se disponen) y 5 + 5 = 10 *dumpers,* pero solo están a disposición 9.

En este caso, dado que no se pueden realizar los dos trabajos a la vez, se debe escoger el que mayor beneficio reporte a la empresa.

En el trabajo A, teniendo en cuenta el precio al que se puede cobrar la unidad de obra y el coste la misma, se calcula el beneficio obtenido por cada m^3B, y en el total del trabajo.

$$\text{Beneficio por m}^3 = 9,50 \frac{€}{m^3B} - 7,74 \frac{€}{m^3B} = 1,76 \frac{€}{m^3B}$$

$$\boxed{\text{Beneficio total} = 1,76 \frac{€}{m^3B} \times 35.000 \text{ m}^3B = 61.600 \text{ €}}$$

Procediendo análogamente en el trabajo B:

$$\text{Beneficio por m}^3S = 4,50 \frac{€}{m^3S} - 3,57 \frac{€}{m^3S} = 0,93 \frac{€}{m^3S}$$

$$\boxed{\text{Beneficio total} = 0,93 \frac{€}{m^3S} \cdot 50.000 \text{ m}^3S = 46.500 \text{ €}}$$

En consecuencia, es mejor realizar el trabajo A.

Bibliografía

Ballester, F.; Capote, J. 1992. *Máquinas de movimiento de tierras: criterios de selección.* Pedeca, Publicaciones técnicas. ISBN 978-84-604-4413-8

Barber Lloret, P. 2003. *Maquinaria de Obras Públicas I.* Editorial Club Universitario. ISBN 978-84-8454-195-0

Barber Lloret, P. 2003. *Maquinaria de Obras Públicas II.* Editorial Club Universitario. ISBN 978-84-8454-956-7

Díaz del Río M. 1996. *Maquinaria de construcción.* COMPYCOM, S.L. ISBN 978-84-605-5461-5

Nichols, H.; Day, D. 2005. *Moving the Earth.* Mc Graw Hill. ISBN 978-0071502672

Larrauri, M.; Losada, R.; Rojí, E.; Cuadrado, J. 2010. *Procedimientos de construcción: Obras y maquinaria de movimiento de tierras.* Escuela de Ingeniería de Bilbao. Servicio de Publicaciones. ISBN 978-84-95809-86-5

Rojo López, J. 2010. *Manual de movimiento de tierras a cielo abierto.* Fueyo Editores. ISBN 978-84-935279-5-2

Tiktin, J. 1997. *Procedimientos generales de construcción.* E.T.S. Ingenieros de Caminos, Canales y Puertos de Madrid. Servicio de Publicaciones. ISBN 978-84-7493-204-1

Páginas Web consultadas

http://www.hitachi.eu/es-es

http://www.cat.com.

http://www.komatsueurope.com

http://www.volvotrucks.es